现代食品微生物学研究进展探析

何熹◎著

中国水利水电出版社
www.waterpub.com.cn
·北京·

内 容 提 要

本书从食品微生物的基础理论出发,介绍了学科发展的前沿,最后以益生菌为代表,进行了详细介绍。全书主要包括:绪论、微生物的营养与代谢、食品微生物的生长及其控制、微生物与食品生产、微生物与食品的腐败变质、微生物与食源性疾病、微生物与食品安全、益生菌的生理功能及应用、益生菌分子遗传学与基因工程、益生菌在乳品中的应用。

本书可作为高等院校食品科学与工程、食品质量与安全、生物工程、生物技术、营养与食品卫生及相关专业的参考用书,对于相关专业的科技人员及相关生产领域的专业人员也具有参考价值。

图书在版编目(C I P)数据

现代食品微生物学研究进展探析 / 何熹著. -- 北京:
中国水利水电出版社, 2018.5 (2025.6重印)
ISBN 978-7-5170-6424-4

Ⅰ. ①现… Ⅱ. ①何… Ⅲ. ①食品微生物－微生物学
－研究进展 Ⅳ. ①TS201.3

中国版本图书馆CIP数据核字(2018)第074645号

责任编辑:陈 洁   封面设计:王 伟

书　　名	现代食品微生物学研究进展探析 XIANDAI SHIPIN WEISHENGWUXUE YANJIU JINZHAN TANXI
作　　者	何熹 著
出版发行	中国水利水电出版社 (北京市海淀区玉渊潭南路 1 号 D 座　100038) 网址:www.waterpub.com.cn E－mail:mchannel@263.net(万水) 　　　sales@waterpub.com.cn 电话:(010)68367658(营销中心)、82562819(万水)
经　　售	全国各地新华书店和相关出版物销售网点
排　　版	北京万水电子信息有限公司
印　　刷	三河市同力彩印有限公司
规　　格	170mm×240mm　16 开本　12.75 印张　225 千字
版　　次	2018 年 5 月第 1 版　2025 年 6 月第 3 次印刷
印　　数	0001—2000 册
定　　价	52.00 元

凡购买我社图书,如有缺页、倒页、脱页的,本社营销中心负责调换

前　　言

当前,不少有远见卓识的科学家都同意"21世纪将是生物学世纪"的见解。在"生物学世纪"中,微生物学将起着特别重要的作用。在自然科学中,如果说生命学是一门"朝阳科学",则微生物学只能认为是一门"晨曦科学";如果说微生物学是一座"富矿",则目前它还是一座刚剥去一层表土的富矿。这是因为在微生物中存在着高度的物种、遗传、代谢和生态类型的多样性。微生物的多样性构成了微生物资源的丰富性,而微生物资源的丰富性则决定了对它的研究、开发和利用的长期性。

食品是人类生命活动赖以生存的物质,食品工业是人类的生命工业,也是永恒不衰的朝阳工业。微生物与食品质量控制密切相关,食品微生物学是食品科学的重要组成部分,在食品的贮藏、运输、加工制造过程中都存在许多微生物学问题:一方面是利用有益微生物的作用生产食品;另一方面是防止有害微生物污染食品,保证食品安全。食品微生物学课程的任务是使学生掌握丰富的食品微生物学的基本原理、技能、方法以及食品质量的控制等,为专业课以及毕业后从事食品生产和管理工作奠定坚实的基础。

食品微生物学是食品科学领域的一门重要学科,也是有关食品专业的一门重要的核心课程。本书既注重微生物学的基础,又突出微生物与食品的关系。在介绍了微生物学的基础上,又对微生物与食品的关系、食品中微生物的作用,以及益生菌的功能和作用进行了详细阐述。

本书的出版得到了山东省高等学校科技计划项目(项目编号:J17KA152)的资助,在此表示感谢。

由于本人水平有限,书中的错误在所难免,恳请各位同仁和读者批评指正,以便进一步修改、完善。

齐鲁工业大学(山东省科学院)　何熹
2017年12月

目　录

第一章 绪论

微生物学是研究微生物及其生命活动规律和应用的科学,本章主要从微生物学的发展过程、食品中主要微生物的特性、食品中微生物的研究内容与任务等三方面对微生物进行全面概括的阐述。

第一节 食品微生物学的历史与发展

一、微生物学的发展过程

人类在长期的生产实践中利用微生物,认识微生物,研究微生物,改造微生物,使微生物学的研究工作得到日益深入和发展。微生物学的发展过程一般可分为五个时期。

(一)朦胧时期(史前期)

早在4000多年前的龙山文化时期,我国劳动人民就会利用微生物制曲、酿酒,并以其工艺独特、历史悠久、经验丰富、品种多样的特点闻名世界,这是我国人民在史前期的重大贡献。当时埃及人也已学会烤制面包和酿造果酒。2500年前春秋战国时期,我们的祖先已发明制酱和食醋。公元7世纪(唐代)食用菌的人工栽培是我国劳动人民的首创,要比西欧(最早是法国)早11个世纪。在农业上,我国早在商代已使用沤粪肥田。在医学方面,我国劳动人民早在2500年前就知道用曲治疗消化道疾病,很早以前就应用茯苓、灵芝等真菌治疗疾病。2000多年前认识和防治许多传染病如狂犬病。公元11世纪(宋代)接种人痘苗预防天花已广泛应用。18世纪末英国医生琴纳(E.Jenner)提出用牛痘苗预防天花。

(二)形态学描述时期(初创期)

人类对微生物的利用虽然很早,并已推测自然界存在肉眼看不见的微小生物,但由于科学技术条件的限制,无法用实验证实微生物的存在。显微镜的发明揭开了微生物世界的奥秘。17世纪下半叶,荷兰人安东·列文虎克(Antong Van Leeuwenhock,1632—1723)发现了细菌、酵母菌和原生动物,为微生物的存在提供了有力证据,开始了微生物的形态学描述时期,并一直持续到200多年后的19世纪中叶。安东·列文虎克则成为微生物学的先驱者。

(三)生理学研究时期(奠基期)

19世纪中叶,以法国人路易·巴斯德(Louis Pasteur,1822—1895)和德国人柯赫(Robert Koch,1843—1910)为代表的科学家将微生物的研究从形态学描述 阶段推进到生理学研究阶段,揭示了微生物是造成葡萄酒发酵酸败和人畜传染病的原因,并建立了接种、分离、培养和灭菌等一整套独特的微生物学基本研究方法,从而奠定了微生物学的基础,同时开辟了医学和工业微生物等分支学科。

(1)巴斯德的主要贡献。

巴斯德的主要贡献主要有:

1)彻底否定了"自然发生"学说(该学说认为一切生物是自然发生的)。巴斯德在前人工作的基础上进行了著名的曲颈瓶实验。取一个曲颈瓶和直颈瓶,内盛有机汁液(肉汁),两者同时加热以杀死瓶中原有微生物,而后长久置于空气中。结果曲颈瓶中没有微生物发生,而直颈瓶中出现大量微生物使肉汁变质。由此证明了肉汁变质是由于外界微生物侵入的结果,并不是自然发生的。从此,将微生物的研究从形态描述阶段推进到生理学研究的新阶段。

2)创立了巴氏消毒法。他认为酒的变质是有害微生物繁殖的结果,为解决当时法国酒变质问题,他创造的巴氏消毒法(60 ℃～65 ℃,30 min),一直沿用至今,仍广泛用于食品制造业的消毒工作。与此同时他证实了家蚕软化病由病原微生物引起,并解决了"蚕病"的实际问题,推动了病原学的发展,并深刻影响医学的发展。

(2)柯赫的主要贡献。

柯赫曾是一名德国医生,为著名的细菌学家,其功绩在于:

1)建立了一整套研究微生物的基本技术。他发明了用固体培养基分离和纯培养微生物的技术,即找到了较理想的琼脂作为培养基凝固剂,设计了浇铺平板用的玻璃培养皿,并创造了细菌接种和染色方法。这项技术是研究微生物学的前提条件,一直沿用至今。

2)对病原菌的研究。他证明了炭疽病、霍乱病和肺结核病由炭疽杆菌、霍乱弧菌和结核杆菌引起,并分离培养出相应的病原菌。1884年他提出了证明某种微生物是否为某种疾病病原体的基本原则——柯赫法则:①病原菌必须来自患病机体;②从患病机体中分离纯培养必须得到该病原体;③用该纯培养物接种到敏感动物体内必然引发相同的疾病;④从被感染的敏感动物体内能分离到与原来相同的病原菌。这一法则至今仍指导对动植物病原菌的确定。

巴斯德和柯赫的杰出工作,使微生物学作为一门独立的学科开始形成。

此后,李斯特(J.Lister)用杀菌药物防止微生物侵入手术伤口,发明了消毒(无菌)外科操作技术;埃尔里赫(P.Ehrlish)用化学药剂控制病原菌,开创了化学治疗法。20世纪以来,微生物成为重要的研究对象和研究材料,微生物学进入了高速发展时期,相继建立了微生物学各分支学科。

(四)生物化学研究时期(发展期)

1897年德国人毕希纳(E.Biichner)对酵母菌"酒化酶"进行生化研究,发现了磨碎的酵母菌仍能发酵葡萄糖产生酒精,并将此具有发酵能力的物质称为酶。这样,发酵现象的本质才真正被认识。此外,他还发现微生物的代谢统一性,并开展广泛寻找微生物的有益代谢产物,开始了生物化学研究阶段。毕希纳则成为生物化学的奠基人。1929年英国医生弗莱明(A.Fleming)发现青霉素能抑制细菌生长,此后开展了对抗生素的深入研究,并用发酵法生产抗生素。

(五)分子生物学研究时期(成熟期)

进入20世纪,电子显微镜的发明,同位素示踪原子的应用,生物化学、生物物理学等边缘学科的建立,推动了微生物学向分子水平的纵深方向发展。同时微生物学、生物化学和遗传学的相互渗透,又促进了分子生物学的形成。

二、21世纪的微生物学的展望

20世纪的微生物学走过了辉煌的历程,面对新的21世纪,将是一幅更加绚丽多彩的立体画卷,在这个时期可能还有人类预想不到的科学成果。

(1)微生物基因组学研究将全面展开。

(2)微生物与环境之间、微生物与其他生物之间和微生物之间的相互关系的研究更加深入。

(3)微生物的生命现象的特性和共性将受到高度重视。

(4)微生物与其他学科实现更广泛的交叉,获得新的发展。

(5)微生物产业将呈现全新的局面。

第二节 食品中主要微生物的特性

一、代谢活力强

微生物的体积虽小,但有极大的比表面积,因而微生物能与环境之间迅速进行物质交换,吸收营养和排泄废物,而且有最大的代谢速率。从单位重量来看,微生物的代谢强度比高等生物大几千倍到几万倍。

二、繁殖快

一般的微生物是以裂殖的方式进行繁殖,如果在温度适中、湿度适中、营养物质丰富的情况下,微生物的繁殖时间大概在十几分钟就可以繁殖一代,这是其他生物界中无法比拟的生物活体。

三、种类多,分布广

无论是在土壤、河流、空气中,还是在动、植物体内,均有各类微生物存在。目前已确定的微生物种类不到 10 万种,有研究表明,此还不足地球上微生物种类的 1%。

四、适应性强,易变异

由于微生物的结构过于简单,是细胞直接和环境接触的,所以受环境的影响将会更加的敏感,如果引起遗传物质 DNA 变化时,微生物总体也会改变,甚至是死亡。有益的变异可为人类创造巨大的经济及社会效益,如产青霉素的菌种产生黄青霉,1943 年时每毫升发酵液仅分泌约 20 单位的青霉素,而今早已超过了 5 万单位。同样,有害的变异也给人类带来了巨大的困扰,如各种致病菌的耐药性突变,迫使人类不断地开发新药以应对微生物对原有抗生素的抗药性。

第三节 食品中微生物的研究内容与任务

根据我国目前的教学体制,食品微生物学是食品科学学科专业的一门基础学科,主要学习和研究与食品有关的细菌、放线菌、酵母菌、霉菌、蕈菌和病毒的形态结构特征,生长繁殖特性,营养与代谢规律,生态分布规律,遗传变异与育种,分类与鉴定,以及在食品制造工业中有益微生物的应用和在食品工业中有害微生物的控制,以达到能主动控制和驾驭微生物整个活动进程的目的,为人类提供营养丰富、健康安全的食品。

一、在食品工业中有益的微生物及其应用

前面已提及,微生物与众多食品的制造密切相关,酿造食品的动力是微生物,即生产菌种。酿造食品的全部生产工艺及其条件是以生产菌种为中心。因此,我们只有在较全面地了解微生物的全部生命活动规律的基础上,才有可能达到控制微生物的发酵进程,最经济和最有效地获得微生物的代谢

及发酵产物。未来食品工业的发展趋势有以下两个方面:其一是利用现代生物育种技术对生产菌种进行改良;其二是利用现代生物工程技术对传统食品工艺进行改造。自然界微生物资源极其丰富,它有着极其广阔的开发前景,有待我们去研究、开发和利用。为人类提供更多更好的食品,是食品微生物学的重要任务之一。

二、在食品工业中有害的微生物及其控制

微生物能引起果蔬、粮食、乳、肉、鱼、禽、蛋、罐藏食品等各类食品的腐败变质,使食品的营养价值降低或完全丧失。有些是使人类致病的病原菌,有些能产生毒素,引起食源性疾病和食物中毒,影响人体健康,甚至危及生命。因此,食品微生物学的另一重要任务就是研究与食源性疾病和食物中毒有关的微生物生物学特性及其危害,并进行监测、预测和预报,建立食品安全生产的微生物学卫生指标和质量控制体系,以确保食品的安全性。

第二章　微生物的营养与代谢

　　微生物与其他生物一样,需要不断地从生长的外部环境中吸取所需要的各种营养物质,合成自身的细胞物质和提供机体进行各种生理活动所需要的能量,才能使机体进行正常的生长与繁殖,保证其生命的连续性,并能够进一步合成有益的各种代谢产物。

　　营养物(或营养素,nutrient)是指具有营养功能的物质,常常还包括光能这种非物质形式的能源在内。微生物的营养物可为它们正常生命活动提供结构物质、能量、代谢调节物质和良好的生理环境。

第一节　微生物的营养

一、微生物的六大营养素

　　微生物的培养基种类繁多,它们之间存在着"营养上的统一性"(见表2—1)。

表 2—1　微生物和动物、植物营养要素的比较

生物类型 / 营养要素	动物（异养）	微生物		绿色植物（自养）
		异养	自养	
碳源	糖类、脂肪	糖、醇、有机酸等	二氧化碳、碳酸盐	二氧化碳、碳酸盐
氮源	蛋白质或其降解物	蛋白质或其降解物、有机氮化物、无机氮化物、氮	无机氮化物、氮	无机氮化物
能源	与碳源同	与碳源同	氧化无机物或利用日光能	利用日光能
生长因子	维生素	一部分需要维生素等生长因子	不需要	不需要
无机盐	无机盐	无机盐	无机盐	无机盐
水分	水	水	水	水

具体地说,微生物的营养要素有六种,即是碳源、氮源、能源、生长因子、无机盐和水。

(一)碳源

凡能够提供微生物营养所需的碳元素(碳架)的营养源,称为碳源(carbon source)。碳源在微生物体内通过一系列复杂的化学变化合成细胞物质并为机体提供生理活动所需要的能量。细菌细胞中的碳元素占细胞重量的50%。微生物可利用的碳源范围是极其广泛的,可从表2-2中看到。

表 2-2　微生物的碳源谱

类型	元素水平	化合物水平	培养基原料水平
有机碳	C·H·O·N·X	复杂蛋白质、核酸等	牛肉膏、蛋白胨、花生饼粉等
	C·H·O·N	多数氨基酸、简单蛋白质等	一般氨基酸、明胶等
	C·H·O	糖、有机酸、醇、脂类等	葡萄糖、蔗糖、各种淀粉、糖蜜等
	C·H	烃类	天然气、石油及其不同馏分、石蜡油等
无机碳	C(?)	—	—
	C·O	CO_2	CO_2
	C·O·X	$NaHCO_3$、$CaCO_3$等	$NaHCO_3$、$CaCO_3$等

注:X指除 C、H、O、N 外的任何其他一种或几种元素。

在微生物发酵工业中,常根据不同微生物的营养需要,利用各种农副产品的淀粉,作为微生物生产廉价的碳源。这类碳源往往包含了几种营养要素,只是其中各要素的比例不一定适合各种微生物的要求(表2-3)。

表 2-3　糖蜜的化学成分

成分	含量(%)	成分	含量(%)
水	20	灰分(10种)	12
蔗糖	35	含氮化合物*	3.5
葡萄糖	7	不含氮酸类**	5
果糖	9	蜡质、甾醇和磷脂	0.3
其他糖类(八种)	3	色素(三种以上)	—
其他还原物质	3	维生素(八种)***	—

注:*包括 23 种氨基酸(Ala,Asp,Gln,Gly,Leu,Lys,Ser,Thr,Val 等)、3 种核苷酸和少量蛋白质。

　　＊＊：包括 5 种以上有机酸，如乌头酸、柠檬酸、苹果酸、甲基反丁烯二酸和琥珀酸等。

　　＊＊＊：包括生物素（1～3）、胆碱（880）、叶酸（0.3～0.4）、烟碱酸（17～30）、泛酸（20～60）、B_1（0.6～1.0）、B_2（2～3）、B_6（1～7）（以上括号内数据的单位均为 $\mu g/g$）

（二）氮源

　　凡能提供微生物生长繁殖所需氮元素的营养源，称为氮源。一个细菌细胞中的氮元素占细胞干重的 12% 左右，是细胞的重要组成部分。与碳源相似，微生物能利用的氮源种类即氮源谱也是十分广泛的（表 2－4）。

表 2－4　微生物的氮源谱

类型		元素水平	化合物水平	培养基原料水平
有机氮		N·C·H·O·X	复杂蛋白质、核酸等	牛肉膏、酵母膏、饼粕粉、蚕蛹粉等
		N·C·H·O	尿素、一般氨基酸、简单蛋白质等	尿素、蛋白胨、明胶等
无机氮		N·H	NH_3、铵盐等	$(NH_4)_2SO_4$ 等
		N·O	硝酸盐等	KNO_3 等
		N	N_2	空气

（三）能源

　　能源（energy source）即能为微生物的生命活动提供最初能量来源的营养物或辐射能。

　　异养微生物的能源就是其碳源，因此，微生物的能源谱可简单概括为：

$$微生物能源谱\begin{cases}化学物质（化学营养型）\begin{cases}有机物：化能异养微生物的能源（同碳源）\\无机物：化能自养微生物的能源（不同于碳源）\end{cases}\\辐射能（光能营养型）：光能自养和光能异养微生物的能源\end{cases}$$

　　化能自养微生物的能源物质都是一些还原态的无机物质，能氧化利用这些物质的微生物都是细菌。

（四）生长因子

　　生长因子（growth factor）是一类对微生物正常代谢必不可少且不能用简单的碳源或氮源自己合成的有机物。各种微生物与生长因子的关系可分为以下几类：

　　（1）生长因子自养型微生物（auxoautotrophs）。

　　多数真菌、放线菌和不少细菌。

　　（2）生长因子异养型微生物（auxoheterotrophs）。

　　它们需要多种生长因子，如乳酸细菌、各种动物致病菌、原生动物和支原体等（表 2－5）。

表 2-5　一些细菌所需要的维生素

维生素	微生物菌种
硫胺素（B_1）	炭疽芽孢杆菌（Bacillus anthracis）
核黄素	破伤风梭菌（Clostridium tetani）
烟酸	流产布鲁氏杆菌（Brucella abortus）
吡多醛（B_6）	各种乳酸杆菌（Lactobacillus spp.）
生物素	肠膜状明串珠菌（Leucomostoc mesenteroides）
泛酸	摩氏变形杆菌（Proteus morganii）
叶酸	葡萄糖明串珠菌（Leuconostoc dextranicum）
维生素 K	产黑素拟杆菌（Bacteroides melaninogenicus）
钴胺酸（B_{12}）	乳杆菌（Lactobacillus spp.）

（3）生长因子过量合成的微生物。

有些微生物在其代谢活动中,会合成出大量的维生素及其他生长因子,因此,它们可以作为维生素等的生产菌。最突出的是生产维生素的阿舒假囊酵母（Eremothecium ashbya）,其 B_2 产量可达 2.5g/L 发酵液,棉阿舒囊霉（Ashbya gossypii）也生产维生素 B_2,谢氏丙酸杆菌（Propionibacterium shermanii）生产维生素 B_{12}。

在做培养基时,可加入富含生长因子的酵母膏（yeast extract）（表 2-6）、玉米浆（corn steep liquor）（表 2-7）、肝浸液（liver infusion）、麦芽汁（malt extract）或其他新鲜的动植物组织浸液,也可加入复合维生素溶液（表 2-8）。

表 2-6　酵母膏中的维生素和氨基酸含量

维生素		氨基酸			
种类	含量（μg/g）	种类	含量（%）	种类	含量（%）
B_1	18～30	丙氨酸	3.3	甲硫氨酸	0.7
B_2	18～150	精氨酸	2.0	苯丙氨酸	1.7
烟酸	300～1 250	天冬氨酸	3.5	脯氨酸	1.7
泛酸	20～100	胱氨酸	0.35	丝氨酸	2.3

维生素		氨基酸			
吡哆醛	25～35	谷氨酸	6.7	苏氨酸	2.3
种类	含量（μg/g）	种类	含量（%）	种类	含量（%）
叶酸	5～10	甘氨酸	2.3	色氨酸	0.5
肌醇	1 000～1 700	组氨酸	1.2	缬氨酸	2.5
胆碱	1 000～2 000	异亮氨酸	2.3		
生物素	0.5～1.0	酪氨酸	1.6		
对氨基苯甲酸	6	亮氨酸	3.0		
B₁₂	0.01	赖氨酸	3.5		

表 2－7　玉米浆的营养成分

成分	含量（%）
水	35～55
总氮	2.7～3.5
氨基氮	0.15～0.30
还原糖	0.1～11.0
乳酸	5～15
灰分	9～10
挥发酸	0.1～0.3
亚硫酸	0.009～0.015
氨基酸	含 15 种以上氨基酸
维生素	B_2、B_6、烟碱酸、泛酸、生物素等
无机盐	Ca、Fe、Mg、P、K 等

表 2－8　用于培养土壤和水生细菌的复合维生素

维生素种类	含量
生物素	0.2 mg
烟碱酸	2.0 mg
对氨基苯甲酸	1.0 mg
泛酸	0.5 mg
B_1	1.0 mg
B_6（吡哆胺）	5.0 mg
B_{12}	2.0 mg
H_2O	100 mL

(五)无机盐

无机盐是微生物生长必不可少的一类营养物,它们为机体提供必需的金属元素。这些金属元素在机体中的生理作用为:参与酶的组成、构成酶的最大活性、维持细胞结构的稳定性、调节与维持细胞的渗透压平衡、控制细胞的氧化还原电位和作为某些微生物生长的能源物质等。

无机盐的生理功能十分重要,现表示如下:

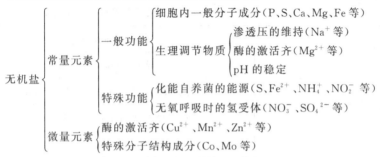

在配制培养基时可根据微生物的需要添加无机元素。

(六)水

除了少数微生物如蓝细菌能利用水中的氢作为还原 CO_2 时的还原剂外,其他微生物都不能利用水作为营养物,但它在微生物的代谢中起着重要作用。

水的生理功能有:

(1)水是微生物细胞的重要组成成分,占活细胞总量的 90% 左右。

(2)机体内的一系列生理生化反应都离不开水。

(3)营养物质的吸收与代谢产物的分泌都是通过水来完成的。

(4)水的比热高,又是热的良好导体,因而能有效地吸收代谢过程中放出的热并迅速地散发出去,避免细胞内温度突然升高,故能有效地控制温度的变化。

二、微生物的营养类型

微生物的营养类型因划分标准不同而结果不同,较多的是以表 2−9 中的 1 和 3 来划分,也有用 1、2 和 3 一起来划分的(见表 2−9,2−10)。

表 2-9　微生物营养类型的分类

分类标准	营养类型
以能源分	光能营养型（phototroph）
	化能营养型（chemotroph）
以供氢体分	无机营养型（lithotroph）
	有机营养型（organotroph）
以碳源分	自养型（autotroph）
	异养型（heterotroph）
以合成氨基酸能力分	氨基酸自养型（a mino acid autotroph）
	氨基酸异养型（a mino acid heterotroph）
以生长因子分	原养型（prototroph）（wild type）
	营养缺陷型（auxotroph）
以摄食方式分	渗透营养型（osmotroph）
	吞噬营养型（phagocytosis）
以摄取死或活有机物分	腐生（saprophytism）
	寄生（parasitism）

表 2-10　微生物的营养类型

营养类型	能源	氢供体	基本碳源	实例
光能无机营养型（光能自养型）	光	无机物	CO_2	蓝细菌、紫硫细菌、绿硫细菌、藻类
光能有机营养型（光能异养型）	光	有机物	CO_2 及简单有机物	红螺菌科的细菌（即紫色无硫细菌）
化能无机营养型（化能自养型）	无机物 *	无机物	CO_2	硝化细菌、硫化细菌、铁细菌、氢细菌、硫黄细菌等
化能有机营养型（化能异养型）	有机物	有机物	有机物	绝大多数细菌和全部真核微生物

注：* 指 NH_4^+、NO_4^-、S、H_2S、H_2、Fe^{2+} 等。

三、营养物质进入菌细胞的方式

营养物质只有进入细胞才能参与新陈代谢。除原生动物可通过胞噬和胞饮摄取营养物质外,其他各大类有细胞的微生物都是通过细胞膜的渗透和选择吸收作用而从外界吸取营养物的。大多数的微生物属于渗透营养型的微生物,营养物质进入微生物细胞是一个复杂的生理过程,据目前所知,细胞壁起的作用不大,仅仅是简单地排阻分子量过大（>600 Da）的溶质进入,而起作用的是磷脂双分子层和嵌合蛋白分子的细胞膜。一般认为,细胞膜运送营养物质的方式有四种,即单纯扩散、促进扩散、主动运输和基团移位。它们之间的主要差别如下:

物质运送类型 { 细胞膜上无载体蛋白:单纯扩散
细胞膜上有载体蛋白 { 不消耗能量:促进扩散
消耗能量 { 运送前后溶质分子不变:主动运输
运送前后溶质分子改变:基团移位

（一）单纯扩散

单纯扩散（simple diffusion）又叫被动运送（passive transport）。细胞膜是由疏水性的磷脂双层和蛋白质组成的,并且膜上分布有含水膜孔,膜内外表面为极性表面,中间为疏水层。一般分子量小、脂溶性、极性小的营养物质容易吸收,如氧气、二氧化碳、乙醇和某些氨基酸分子,它由高浓度的胞外环境向低浓度的胞内环境扩散,这种扩散是非特异性的,营养物质没有与膜上的载体结合。物质运送的速率随细胞内外物质浓度差的降低而减小,最后降低到零即达到动态平衡。单纯扩散示意图如图 2—1 所示。

图 2—1　单纯扩散示意图

（二）促进扩散

促进扩散（facilitated diffusion）也是一种物质运送方式,与单纯扩散相类似的是物质在运输过程中不需要代谢能。其特点是:①不消耗能量,跨膜运输的动力是细胞膜两侧的浓度梯度。②透过酶参与运输,具有特异性,只能与特定的养分结合;具有催化性,只能加快运输速率,不改变平衡浓度;具有饱和性,养分过高时呈现饱和效应,如图 2—2 和图 2—3 所示。③跨膜前后养分不发生化学变化。

营养物质的膜载体蛋白（也称为透过酶）是跨膜蛋白一部分暴露在细胞质内,一部分暴露在环境中,这种结构也可以在细胞膜外部结合,再通过酶的变构而带入细胞内。如图 2—4 所示,浓度较高的某些营养物质在细胞膜外,通过酶的作用,运送至细胞膜内。促进扩散是可逆的,它也可以把细胞内浓度较高的某些营养物质运至细胞外。此方式是营养物质进入厌氧菌的重要方式。据研究,酿酒酵母对各种糖类/氨基酸和维生素的吸收,是通过这种运送方式完成的。

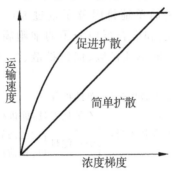

图 2-2　酶的促进扩散性

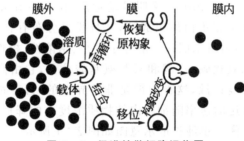

图 2-3　促进扩散细胞运作图

图 2-4　促进扩散运作图

(三)主动运输

　　主动运输(active transport)是微生物吸收营养物质的主要方式。载体蛋白与被运送物质之间亲和力大小的改变是由于载体蛋白构型变化而引起的,它不依赖于细胞膜内外被运送物质的浓度差,可以进行逆浓度梯度运送,因而可在低浓度的营养物环境中吸收营养物质。

　　主动运输是通过酶进行运输的,主要有三种运输方式:①单向转运是蛋白能把细胞膜的一侧物质转移在另一侧;②反向转运是蛋白能把细胞膜一侧的物质转移到另一侧上,同时也能把另一种物质以相反的方向转运;③同向转运是指蛋白可以把两种物质以相同的方向从细胞膜的一侧转向另外一侧。由此可见,主动运输的方式较多,可以吸收同种营养成分,微生物的运输系统也是多种多样的。例如,大肠杆菌吸收糖分时,至少有 5 种主动运输系统进行操作吸收。如图 2-5 所示的是运输系统由周质结合蛋白、跨膜转运蛋白和 ATP 水解蛋白组成。周质结合蛋白以较高的亲和力与养分结合,将其送入跨膜转运蛋白,跨膜转运蛋白是一个转运通道,通过 ATP 水解蛋白的作用,ATP 水解成 ADP,同时将通道内的养分运输至细胞内。主动运输的物质主要有无机离子、有机离子和一些糖类等,如图 2-6 所示。

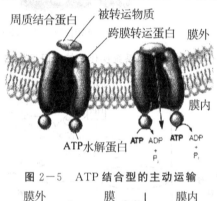

图 2-5　ATP 结合型的主动运输

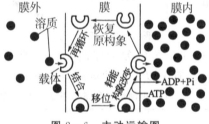

图 2-6　主动运输图

(四)基团移位

基团移位(group translocation)是另一种类型的主动运输。在微生物对营养物质跨膜运输中,还有一种运输方式叫作基团移位,被转运的营养物质经过了化学修饰,被修饰过的物质被输送到细胞内。基团移位与主动运输相同的是也需要特异性的载体蛋白,且需要消耗能量。基团移位最大的特点就是营养物质被化学修饰过,营养物质在结构上发生了变化,因此有区别于一般的主动运输。基团移位主要用于运送各种糖类、核苷酸、丁酸和腺嘌呤等物质,至今仅发现于原核生物中。

基团移位由磷酸转移酶系统进行。该系统由酶 I、酶 II 和热稳定载体蛋白组成,可与烯醇式磷酸丙酮酸(PEP)偶联,使养分进入细胞并被磷酸化,如

图2-7和图2-8所示。由于被磷酸化的养分可立即进入细胞以进行代谢，因而可避免养分浓度过高所致的不利影响。

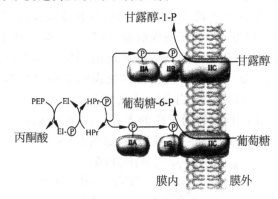

图2-7　酶系统操作下的基因移位

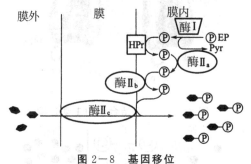

图2-8　基因移位

大肠杆菌对葡萄糖和金黄色葡萄球菌对乳糖的吸收就是以基团转位方式进行的，现研究较多。有关以上四种运送方式见表2-11。

表2-11　四种运送营养物质方式的比较

比较项目 \ 运送方式	单纯扩散	促进扩散	主动运输	基团移位
特异载体蛋白	无	有	有	有
运送速度	慢	快	快	快
溶质运送方向	由浓至稀	由浓至稀	由稀至浓	由稀至浓
平衡时内外浓度	内外相等	内外相等	内部浓度高得多	内部浓度高得多
运送分子	无特异性	特异性	特异性	特异性
能量消耗	不需要	不需要	需要	需要
运送前后溶质分子	不变	不变	不变	改变

续表

运送方式\比较项目	单纯扩散	促进扩散	主动运输	基团移位
载体饱和效应	无	有	有	有
与溶质类似物	无竞争性	有竞争性	有竞争性	有竞争性
运送抑制剂	无	有	有	有
运送对象例子	H_2O、CO_2、O_2、少数氨基酸、盐类、甘油、乙醇、代谢抑制剂	$PO_4{}^{3-}$、$SO_4{}^{2-}$；糖（真核生物）	乳糖等糖类、氨基酸、Na^+、Ca^{2+}等无机离子	葡萄糖、甘露糖、果糖、脂肪酸、嘌呤和核苷等

第二节　微生物的能量代谢

　　大多数的生物是可见光的，可进行光合作用进行能量的代谢。光能自养生物通过光合作用可转化为化学能，化能自养生物通过氧化无机物获得能量。微生物进行光合作用和化能自养作用获得化学能并被光能自养生物用来转变为二氧化碳或者大分子，如葡萄糖等。自养生物通过制造的复杂分子被异养生物作为碳源，生物利用的主要能量货币是ATP，生物能量代谢的中心任务就是将各种形式存在的能量转换成ATP，供其生长繁殖。微生物的能量代谢就是将太阳的辐射能和氧化有机物或还原无机物获得的能量通过光合磷酸化、底物水平磷酸化和氧化磷酸化转化成ATP，供其合成代谢和运动等需要，如图2-9所示。

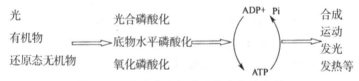

图2-9　光合作用影响着微生物的代谢

一、微生物的生物氧化(呼吸)类型

　　根据底物在进行氧化时脱下的氢和电子受体的不同，微生物的呼吸可分为三个类型，即好氧呼吸、厌氧呼吸和发酵。

(一)好氧呼吸

好氧呼吸简称呼吸,是一种最重要最普遍的生物氧化过程。经 EMP、HMP 及 TCA 等途径产生的 NAD(P)H 和 FADH 进入呼吸链,[H]经电子传递酶复合体传递,最终由 O_2 接受氢形成水并释放 ATP 能量。

(二)厌氧呼吸

厌氧呼吸是葡萄糖等有机底物在厌氧脱氢途径中产生的氢由呼吸链传递的过程,无氧呼吸最终的电子受体不是氧气,而是像 NO_3^-、NO_2^-、SO_4^{2-}、$S_2O_3^{2-}$、CO_3^{2-} 这样性质的受体。无氧呼吸也需要细胞色素等电子传递体,但是以氧化态化合物代替氧气的作用,在能量分级释放过程中伴随有磷酸化作用,产生的能量用于生命活动。由于部分能量随电子转移给最终电子受体,所以无氧呼吸生成的能量不如有氧呼吸产生的多。

(三)发酵

发酵在微生物的领域下广泛使用,概念广泛,具有狭义和广义之分。广义的发酵泛指任何利用好氧或厌氧微生物来生产有用代谢产物或食品、饮料的一类生产方式。例如,酿造酒业发酵生产出的酒精,都是通过微生物的发酵制作成的。狭义的发酵是指微生物在无氧等外源氢受体的条件下,底物脱氢后所产生的还原力[H]不经过呼吸链传递,而直接交给某一内氧化性中间代谢产物接受,同时释放能量并产生各种不同的代谢产物的一类生物氧化反应。例如同型酒精发酵,混合酸发酵和异型乳酸发酵等。应该指出的是,此处发酵、好氧呼吸和厌氧呼吸的定义与生物化学家所用的定义有些差别。

发酵过程中,有机物既是被氧化的基质,又是最终的电子受体,该过程通过底物水平磷酸化合成 ATP,但是由于氧化不彻底,所以产生的能量较少。发酵需要在厌氧条件下进行,许多通过发酵产生 ATP 的微生物是严格厌氧的或是兼性厌氧的。兼性厌氧微生物在无氧时以发酵产能为主要方式,在有氧时,由于丙酮酸进入 TCA 循环,该类微生物以呼吸产能为主要方式。

可供发酵的底物有糖类、有机酸、氨基酸等,微生物主要的发酵途径有四种:EMP、HMP、ED、磷酸酮解酶(PK、HK)途径等。其中以微生物发酵葡萄糖最为重要。

1.EMP 途径

EMP 途径又称糖酵解途径或己糖二磷酸途径。在无氧条件下,1 分子葡萄糖分解,形成 2 分子丙酮酸并产生能量,这一过程称为糖酵解途径。该途径是绝大多数生物共同拥有的一条主要代谢途径,是最常见的将葡萄糖分解成丙酮酸的途径,在有氧或无氧时均起作用。糖酵解在原核生物和真核生物的细胞质中进行。在 EMP 途径中,1 分子葡萄糖经过 10 步反应,产生 2 分子丙酮酸、2 分子 ATP 和 2 分子 NADH＋H$^+$ 等 3 种产物,如图 2－10 所示。

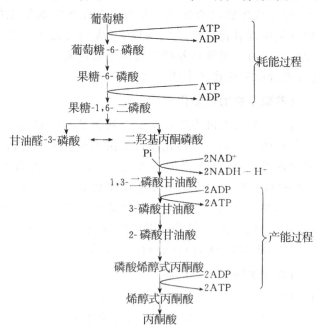

图 2－10 葡萄糖的 EMP 产生能量的路径

2.HMP 途径

己糖单磷酸途径简称 HMP 途径,又称为磷酸戊糖途径,己糖－磷酸途径等,是微生物存在的另一条重要的糖分解的途径。戊糖磷酸途径首先从葡萄糖－6－磷酸氧化成 6－磷酸葡萄糖酸开始,接着 6－磷酸葡萄糖酸被氧化成核酮糖－5－磷酸和 CO_2,在氧化期间产生 NADPH,然后核酮糖－5－磷酸转变成三到七碳糖磷酸的混合物。该途径中有两个独特的酶起中心作用。

(1)转酮醇酶催化二碳酮醇基的转移。

(2)转醛醇酶将景天庚酮糖－7－磷酸的三碳基团转到甘油醛－3－磷酸上。

HMP 途径的结果是将 1 分子葡萄糖－6－磷酸转变成 6 CO_2 和 12NADPH。该过程中的中间体以两种方式被利用。果糖－6－磷酸可被转变重新形成葡萄糖－6－磷酸,甘油醛－3－磷酸在糖酵解途径酶的作用下转变成丙酮酸。丙酮酸也能转变成葡萄糖－6－磷酸完全降解成 CO_2 和产生大量的 NADPH。

二、自养微生物的能量代谢与 CO_2 的固定

如前文所说,按照能量来源的不同,可将自氧微生物分为光能自养微生

物和化能自养微生物。自养微生物有机化合物的来源最基本的是建立在CO_2固定的基础上;异养微生物可直接利用碳源。在无机能源氧化的过程中,化能自养微生物则是通过氧化磷酸产生 ATP,一大部分是逆向呼吸所传递的,将无机氢转变成还原力。光能自养微生物则是通过光合的作用,进行分解出的物质,再通过光合磷酸化途径中产生 ATP。

(一)化能自养微生物的能量代谢

化能自养菌是一类从无机物的氧化中得到能量CO_2 和还原力,再通过卡尔文循环同化CO_2的微生物。专性化能自养菌不吸收利用有机物,不能像异养细菌那样通过糖酵解和 TCA 产能。研究证明,某些专性自养菌缺乏一些关键酶,它们的 EMP、ED 不完全,TCA 也存在缺陷。尽管如此,这些菌却有HMP 途径,能沟通糖类进入 TCA,能通过有缺陷的 TCA 获得生物合成所需的中间产物。每一种化能无机营养型细菌中对电子供体和受体的要求是相当专一的,电子受体通常是 O_2,但也能利用硫酸盐和硝酸盐作为电子受体。

(二)光能自养微生物的能量代谢

微生物摄取营养极其广泛,不仅可以从无机物获得能量,还可以从有机物中摄取,甚至还可以从光能中摄取自身所需的能量,将光能转化为化学能,这就是光合作用。

光合作用是地球上所有有生命的物体最重要的新陈代谢之一,可以这么讲,地球上几乎所有的能量都是从太阳中获取的,再通过一系列的系统传输、运作,转化为自身所需的能量。光合作用为光合生物提供了 ATP 和 NADPH等,这两种物质是光合生物合成的必需物质。而光合生物本身又是生物圈中大多数食物链的基础,光合作用也负责供应氧以满足我们的需要。光合作用由各种真核和原核生物完成,但地球上一半以上的光合作用由微生物完成。光合作用作为整体分成两部分,在光反应中光能被捕获并被转变成化学能,然后这种能量在暗反应中被用来还原或固定CO_2并合成细胞物质。

第三节　微生物的分解与合成代谢

一、微生物的分解代谢

微生物的代谢活动与动植物食品的加工和贮藏有密切关系。食品中含有大量的淀粉、纤维素、果胶质、蛋白质、脂肪等物质,可作为微生物的碳素和氮素来源的营养物质。如果环境条件适宜,微生物就能在食品中大量生长繁殖,造成食品腐败变质,同时人们利用有益菌的代谢活动生产发酵食品、药品和饲料等。

（一）多糖的分解

多糖是由单糖或单糖衍生物聚合成的大分子化合物,包括淀粉、纤维素、半纤维素、几丁质和果胶质等。其中淀粉是多数微生物都能利用的碳源,而纤维素、半纤维素、几丁质、果胶质等只被某些微生物利用。微生物对多糖的利用都是先分泌胞外酶将其水解,其水解产物按不同方式发酵或被彻底氧化。微生物分解多糖的简要过程如下:

多糖→双糖→单糖→丙酮酸→有机酸、醇、醛等→CO_2 和 H_2O 等

1.淀粉的分解

多数微生物都能以淀粉为碳源而生长。淀粉是葡萄糖通过糖苷键连接而成的一种大分子物质。淀粉有直链淀粉和支链淀粉之分。前者为 $\alpha-1,4$ 糖苷键组成的直链分子,后者除由 $\alpha-1,4$ 糖苷键连接成直链外,还有许多分枝,分支点由 $\alpha-1,6$ 糖苷键结合。一般天然淀粉中,直链淀粉含量为 $10\%\sim20\%$,支链淀粉含量占 $80\%\sim90\%$。

微生物对淀粉的分解是在淀粉酶的催化作用下进行的。淀粉酶的种类很多,作用方式各异,作用后的产物也不同。主要的淀粉酶有以下几类:

（1）$\alpha-$淀粉酶。

$\alpha-$淀粉酶又称液化型淀粉酶。该酶可从淀粉分子内部任意水解 $\alpha-1,4$ 糖苷键,但不能作用于淀粉分子的 $\alpha-1,6$ 糖苷键,以及靠近分支点的 $\alpha-1,4$ 糖苷键。$\alpha-$淀粉酶可将直链淀粉水解成麦芽糖或含有 6 个葡萄糖分子的单位,作用于支链淀粉的分解结果除麦芽糖、低聚糖外,还有一些小分子的极限糊精。淀粉被 $\alpha-$淀粉酶水解后,黏度下降,表现为液化。发芽的种子、动物胰脏、唾液中都有此酶,以及一些细菌、放线菌、霉菌均能产生此酶。发酵工业中常用枯草芽孢杆菌 BF－7658 生产中温淀粉酶,用地衣芽孢杆菌生产耐高温 $\alpha-$淀粉酶。

（2）$\beta-$淀粉酶。

$\beta-$淀粉酶又称淀粉－1,4－麦芽糖苷酶,此酶从淀粉分子的非还原端开始,每次分解出一个麦芽糖分子,可将直链淀粉彻底水解成麦芽糖。由于不能作用于 $\alpha-1,6$ 糖苷键,也不能越过此键继续作用 $\alpha-1,4$ 糖苷键,所以,当它们遇到支链淀粉分支点上的 $\alpha-1,6$ 糖苷键时,就停止作用,因此分解支链淀粉时,产物为麦芽糖和 $\beta-$极限糊精。根霉和米曲霉等可产生大量的 $\beta-$淀粉酶。$\beta-$淀粉酶本由高等植物(如大麦芽)中提取,后发现巨大芽孢杆菌、假单胞菌、多黏芽孢杆菌、某些放线菌也能产生此酶。

（3）葡萄糖苷酶。

葡萄糖苷酶又称淀粉－1,4－葡萄糖苷酶或葡萄糖生成酶。该酶从淀粉

分子的非还原端开始，将以 α－1,4 糖苷键结合的葡萄糖分子依次一个个切下，但不能水解 α－1,6 糖苷键，遇到 α－1,6 糖苷键就绕过去，继续水解 α－1,4 糖苷键。因此，对直链淀粉的水解产物几乎都是葡萄糖。支链淀粉的水解产物除葡萄糖外，还有带有 a－1,6 糖苷键的寡糖。工业生产中一般用根霉和曲霉生产葡萄糖苷酶。

（4）异淀粉酶。

异淀粉酶又称淀粉－1,6－葡萄糖苷酶。该酶专门水解 α－1,6 糖苷键生成葡萄糖，故能水解由 α－淀粉酶和 β－淀粉酶的水解产物——极限糊精。黑曲霉、米曲霉可产生此酶。我国常应用产气肠杆菌 10016 生产异淀粉酶。

β－淀粉酶、葡萄糖苷酶、异淀粉酶的共同特点是可将淀粉水解为麦芽糖或葡萄糖，故统称为糖化型淀粉酶。微生物的淀粉酶和糖化酶可用于酶法水解生产葡萄糖，制曲酿酒，用于食品发酵中的糖化作用等。微生物来源的淀粉酶制剂现已实现工业化生产。

2.纤维素的分解

纤维素只有在纤维素酶作用下或分泌纤维素酶的微生物存在下才被分解生成葡萄糖。纤维素酶是一类纤维素水解酶的总称，或称纤维素酶的复合物。根据其作用方式不同可分为 C_1 酶、Cx 酶（又分为 Cx_1、Cx_2 酶两种）和纤维二糖酶（β－葡萄糖苷酶）三类。

（1）C_1 酶。

C_1 酶主要作用于天然纤维素，使之转变成水合非结晶纤维素。

（2）Cx 酶。

Cx 酶又称 β－1,4－葡聚糖酶，它能水解溶解的纤维素或膨胀、部分降解的纤维素，但不能作用于结晶的纤维素。Cx_1 酶是 β－1,4－葡聚糖内切酶，可以任意水解水合非结晶纤维素分子内部的 β－1,4 糖苷键，生成纤维糊精、纤维二糖和葡萄糖；Cx_2 酶是 β－1,4－葡聚糖外切酶，它从水合非结晶纤维素的非还原性末端作用于 β－1,4 糖苷键，逐一切断 β－1,4 糖苷键生成葡萄糖。

（3）纤维二糖酶。

纤维二糖酶又称 β－葡萄糖苷酶，它能水解纤维二糖、纤维三糖和短链的纤维寡糖生成葡萄糖。

天然（棉花）纤维素 $\xrightarrow{C_1 \text{酶}}$ 水合非结晶纤维素 $\xrightarrow{\text{纤维二糖酶}}$ 葡萄糖＋纤维二糖 $\xrightarrow{Cx_1 \text{、} Cx_2 \text{酶}}$ 葡萄糖

细菌的纤维素酶结合于细胞膜上，已观察到它们分解纤维素时，细胞需附着在纤维素上。真菌、放线菌的纤维素酶系胞外酶，分泌到培养基中，可通过过滤或离心分离得到。

分解纤维素的微生物种类很多。好氧细菌中有噬纤维黏菌属（Cytopha-ga）、生孢噬纤维菌属（Sporocytophaga）、纤维弧菌属（Ceiivibrio）、纤维单胞菌属（Cellulomonas）等；厌氧细菌以梭状芽孢杆菌属为主，常见的有嗜热纤维芽孢梭菌（Clostridium thermocellum）；真菌中分解纤维素的有木霉（Trichoder-ma）、葡萄状穗霉（Stachybotrys）、曲霉（Aspergillus）、青霉（Peniciiium）、根霉（Rhizopus）等属；放线菌中有诺卡氏菌、小单胞菌及链霉菌等属中的某些种，其中绿色木霉、康氏木霉和木素木霉，以及某些放线菌和细菌为生产纤维素酶的常用菌种。

3.半纤维素的分解

在植物细胞壁中，除纤维素以外的多糖统称为半纤维素，包括各种聚己糖和聚戊糖。[①] 最常见的半纤维素是木聚糖，它约占草本植物干重的一半，也存在于木本植物中。与纤维素相比，半纤维素容易被微生物分解。但由于半纤维素的组成类型很多，因而分解它们的酶也各不相同。例如，木聚糖酶催化木聚糖水解成木糖，阿拉伯聚糖酶催化阿拉伯聚糖水解成阿拉伯糖等。生产半纤维素酶的微生物主要有曲霉、根霉与木霉等属。半纤维素酶通常与纤维素酶、果胶酶混合使用，从而可以改善植物性食品的质量，提高淀粉质原料的发酵利用率及果汁饮料的澄清效果等。

4.果胶物质的分解

果胶物质广泛存在于高等植物，特别是水果和蔬菜的组织中，是构成细胞间质和初生壁的重要组分，在植物细胞组织中起"黏合"作用。果胶物质是由D-半乳糖醛酸通过 $\alpha-1,4$ 糖苷键连接而成的直链状的高分子聚合物。大部分D-半乳糖醛酸上的羧基可被甲醇酯化形成甲酯，不含甲酯的果胶物质称为果胶酸。果胶物质包括果胶和果胶酸。天然果胶质常称为原果胶（不可溶果胶），在原果胶酶作用下，它被转化成水可溶性的果胶，再进一步生成果胶酸，最后生成半乳糖醛酸。后者进入糖代谢途径被分解释放能量。由此可见，分解果胶质的酶是多酶复合物，是指分解果胶质的多种酶的总称。它可分为果胶酯酶和聚半乳糖醛酸酶两种。

原果胶 ——原果胶酶——→ 水可溶性的果胶 ——果胶甲酯水解酶——→ 果胶酸 ——聚半乳糖醛酸酶——→ 半乳糖醛酸 ——→ 糖代谢

分解果胶的微生物主要是一些细菌和真菌，如梭菌属中的费新尼亚梭菌（Clostridium felsineum）、蚀果胶梭菌（Clostridium pectinovorum）和芽孢杆菌属

---

①半纤维素根据其结构可概括为两类：一类是同聚糖，仅包含一种单糖，如木聚糖、半乳聚糖、甘露聚糖等；另一类是异聚糖，包括两种以上的单糖或糖醛酸，几种不同的糖同时存在于一个半纤维素分子中。

中的浸麻芽孢杆菌（Bacillus macerans）以及曲霉属、葡萄孢霉属（Botrytis）和镰刀菌属（Fusarium）等都是分解果胶能力较强的微生物。食品工业上已利用微生物生产果胶酶，用于果汁澄清、橘子脱囊衣等加工处理。

5.几丁质的分解

几丁质是一种由 N－乙酰葡萄糖胺通过 β－1,4 糖苷键聚合而成的较难分解的含氮多糖类物质。一般生物都不能分解与利用它，只有某些细菌如溶几丁质芽孢杆菌，某些放线菌如链霉菌能分泌几丁质酶，几丁质酶使几丁质水解生成几丁二糖，再通过几丁二糖酶进一步水解生成 N－乙酰葡萄糖胺。后者进一步分解生成葡萄糖和氨。

（二）含氮有机化合物的分解

蛋白质、核酸及其不同程度的降解产物通常作为微生物生长的氮源或生长因子（氨基酸、嘌呤、嘧啶等）。由于蛋白质是由氨基酸以肽键结合组成的大分子物质，不能直接透过菌体细胞膜，故微生物利用蛋白质时，须先分泌蛋白酶至细胞外，将蛋白质水解成短肽后进入细胞，再由细胞内的肽酶将短肽水解成氨基酸后才被利用。

1.蛋白质的分解

蛋白质在有氧环境下被微生物分解的过程称为腐化，这时蛋白质可被完全氧化，生成简单化合物，如 CO_2、H_2、NH_3、CH_4 等。蛋白质在厌氧环境中被微生物分解的过程称为腐败，此时蛋白质分解不完全，分解产物多数为中间产物，如氨基酸、有机酸等。

蛋白质的降解分两步完成：首先在微生物分泌的胞外蛋白酶作用下水解生成短肽，然后短肽在肽酶作用下进一步被分解成氨基酸。根据肽酶作用部位的不同，分为氨肽酶和羧肽酶。氨肽酶作用于有游离氨基端的肽键，羧肽酶作用于有游离羧基端的肽键。肽酶是一种胞内酶，在细胞自溶后释放到环境中。微生物分解蛋白质的一般过程为：

$$蛋白质 \xrightarrow[细胞外]{蛋白酶} 短肽 \xrightarrow[细胞内]{肽酶} 氨基酸 \longrightarrow 有机酸、吲哚、胺、H_2S、NH_3、CH_4、H_2、CO_2 等$$

微生物分泌蛋白酶种类因菌种而异，其分解蛋白质的能力也各不相同。一般真菌分解蛋白质的能力强，并能分解天然蛋白质，而多数细菌不能分解天然蛋白质，只能分解变性蛋白及蛋白质的降解产物，因而微生物分解蛋白质的能力是微生物分类的依据之一。

分解蛋白质的微生物种类很多。好氧的如枯草芽孢杆菌、马铃薯芽孢杆菌、假单胞菌等；兼性厌氧的微生物如普通变形杆菌；厌氧的微生物如生孢梭状芽孢杆菌等；放线菌中不少链霉菌均产生蛋白酶；真菌如曲霉属、毛霉属等均具蛋白酶活力。有些微生物只有肽酶而无蛋白酶,因而只能分解蛋白质的降解产物,如乳酸杆菌、大肠杆菌等不能水解蛋白质,但可以利用蛋白胨、肽和氨基酸等,故蛋白胨是多数微生物的良好氮源。

在食品工业中,传统的酱制品,如酱油、豆豉、腐乳等的制作也都利用了微生物对蛋白质的分解作用。近代工业已能利用枯草芽孢杆菌、栖土曲霉、费氏放线菌等生产蛋白酶制剂。

2.氨基酸的分解

微生物利用氨基酸除直接用于合成菌体蛋白质的氮源外,还可被微生物分解生成氨、有机酸、胺等物质作为碳源和能源。氨被利用合成各种必需氨基酸、酰胺类等,有机酸可进入三羧酸循环或进行发酵作用等。此外,氨基酸的分解产物对许多发酵食品,如酱油、干酪、发酵香肠等的挥发性风味组分有重要影响。

不同的微生物分解氨基酸的能力不同。例如,大肠杆菌、变形杆菌和绿脓假单胞菌几乎能分解所有氨基酸,而乳杆菌属、链球菌属分解氨基酸的能力较差。由于微生物对氨基酸的分解方式不同,形成的产物也不同。微生物对氨基酸的分解方式主要是脱氨作用和脱羧作用。

(1)脱氨作用。

由于微生物类型、氨基酸种类与环境条件的不同,脱氨作用方式主要有氧化脱氨、还原脱氨、氧化-还原脱氨(Stickland 反应)、水解脱氨、直接分解脱氨 5 种。

1)氧化脱氨:在有氧条件下,氨基酸在氨基酸氧化酶的作用下,脱氨生成 α-酮酸和氨。生成的酮酸被微生物继续转化为羟酸和醇。它是好氧菌进行脱氨的一种方式。

例如,丙氨酸氧化脱氨生成丙酮酸,丙酮酸可经 TCA 循环而继续氧化。

$$CH_3CHNH_2COOH + \frac{1}{2}O_2 \xrightarrow{\text{氨基酸氧化酶}} CH_3COCOOH + NH_3$$
$$\text{丙氨酸} \qquad\qquad\qquad\qquad\qquad \text{丙酮酸}$$

2)还原脱氨:在无氧条件下,氨基酸在氨基酸脱氢酶作用下以还原方式脱氨生成饱和脂肪酸和氨。它是专性厌氧菌和兼性厌氧菌进行脱氨的一种方式。例如,大肠杆菌可使甘氨酸还原脱氨生成乙酸,梭状芽孢杆菌可使丙氨酸还原脱氨生成丙酸。

$$CH_3CHNH_2COOH + 2H \xrightarrow{\text{氨基酸脱氢酶}} CH_3CH_2COOH + NH_3$$
$$\text{丙氨酸} \qquad\qquad\qquad\qquad\qquad \text{丙酸}$$
$$RCHNHCOOH + 2H \longrightarrow RCH_2CH_2COOH + NH_3$$
$$\text{饱和脂肪酸}$$

3)氧化-还原脱氨(Stickland 反应):当培养基中的碳源和能源物质缺乏

时,有些专性厌氧菌,如生孢梭状芽孢杆菌在厌氧条件下通过此反应获得能量。在 SticKland 反应中,一种氨基酸作为氢供体氧化脱氨,另一种氨基酸作为氢受体还原脱氨,生成相应的有机酸、α—酮酸和氨,并释放能量。这是一类氧化脱氨与还原脱氨相偶联的特殊发酵。这种偶联反应并不是在任意两种氨基酸之间就能发生。丙氨酸、缬氨酸、异亮氨酸、亮氨酸等优先作为氢供体;而甘氨酸、羟脯氨酸、脯氨酸和乌氨酸等优先作为受氢体。例如,以丙氨酸作为供氢体、甘氨酸作为受氢体时,生成 3 分子乙酸,并放出 NH_3。

$$CH_3CHNH_2COOH + 2 CH_2NH_2COOH \longrightarrow 3 CH_3COOH + 3NH_3 + CO_2$$
　　丙氨酸　　　　　　甘氨酸　　　　　　　　　乙酸

4)水解脱氨:在厌氧条件下,氨基酸在水解酶的作用下水解脱氨生成羟酸与氨。例如丙氨酸可经水解脱氨生成乳酸和氨。

$$CH_3CHNH_2COOH + H_2O \xrightarrow{\text{水解酶}} CH_3CHOHCOOH + NH_3$$
　　丙氨酸　　　　　　　　　　　　乳酸

羟酸脱羧生成一元醇,或有的氨基酸在水解脱氨的同时又脱羧,生成少一个碳原子的一元醇。例如丙氨酸水解脱氨和脱羧后生成乙醇、氨和二氧化碳。

$$CH_3CHNH_2COOH + H_2O \longrightarrow CH_3CH_2OH + NH_3$$
　　丙氨酸　　　　　　　　　　　　乙醇

某些细菌如大肠杆菌、变形杆菌等能使色氨酸水解脱氨基生成吲哚(靛基质)、丙酮酸和氨。当吲哚与对二甲基氨基苯甲醛试剂反应,生成红色的玫瑰吲哚,为吲哚试验反应阳性。因此,可根据细菌能否分解色氨酸产生吲哚来鉴定菌种。

有些如沙门氏菌、变形杆菌、枯草杆菌等可以水解胱氨酸、半胱氨酸生成丙酮酸、NH_3 和 H_2S。如果预先在含有蛋白胨的细菌培养基内加入醋酸铅或硫酸亚铁,接菌培养后若出现黑色硫化铁或硫化铅沉淀,为硫化氢反应阳性。因此,H_2S 的产生常作为细菌分类鉴定一项指标。

5)分解脱氨:又称减饱和脱氨,氨基酸在直接脱氨的同时,其双键在 a,β 碳原子上减饱和,生成不饱和酸和氨。例如 L—天冬氨酸在 L—天冬氨酸裂解酶催化下,分解脱氨生成延胡索酸和氨。

$$COOHCH_2L-\text{天冬氨酸 } CHNH_2COOH \xrightarrow{\text{L—天冬氨酸裂解酶}} COOH—CH—\text{延胡索酸}$$
$$CH—COOH + NH_3$$

(2)脱羧作用。

许多腐败细菌和真菌细胞内具有氨基酸脱羧酶,可以催化相应的氨基酸脱羧,生成减少一个碳原子的胺和 CO_2。一元氨基酸脱羧生成一元胺,二元氨基酸脱羧生成二元胺。例如酪氨酸脱羧形成酪胺,精氨酸脱羧形成精胺,

色氨酸脱羧形成色胺,组氨酸脱羧形成组胺。其通式如下:

$$R\ 氨基酸\ CHNH_2\ 氨基酸\ COOH\ \xrightarrow{氨基酸脱羧酶}\ R\ 胺类\ CH_2\ 胺类\ NH_2 + CO_2$$

二元胺对人体有害,是食物中毒的原因之一。例如鸟氨酸脱羧生成腐胺,赖氨酸脱羧生成尸胺,这些胺称为肉毒胺。肉类蛋白质腐败后常生成二元胺,故不宜食用。

$$\underset{赖氨酸}{H_2N(CH_2)_4CHNH_2COOH} \xrightarrow{氨基酸脱羧酶} \underset{尸胺}{H_2N(CH_2)_4CH_2NH_2} + CO_2$$

有机胺在有氧条件下可被氧化成有机酸,在厌氧条件下可被分解成各种醇和有机酸。

氨基酸脱羧酶具有高度的专一性,在实验室或生产中可用来测定氨基酸的含量和测定脱羧酶的活力。例如,谷氨酸被谷氨酸脱羧酶脱羧后,产生 $\gamma-$氨基丁酸和 CO_2,在谷氨酸生产上用微量测压仪测定 CO_2 气体的量,据此计算发酵液中谷氨酸的含量。

3.核酸的分解

核酸的分解是指核酸在一系列酶的作用下,分解成构件分子——嘌呤或嘧啶、核糖或脱氧核糖的反应。核酸是由许多核苷酸以 3,5-磷酸二酯键连接而成的大分子化合物。异养微生物可分泌水解酶类分解食物或体外的核蛋白与核酸类物质,以获得各种核苷酸。核酸分解代谢的第一步是水解连接核苷酸之间的磷酸二酯键,生成低级多核苷酸或单核苷酸。作用于核酸的磷酸二酯键的酶,称为核酸酶。水解核糖核酸的酶称核糖核酸酶(RNase),水解脱氧核糖核酸的酶称脱氧核糖核酸酶(DNase)。核苷酸在核苷酸酶的作用下分解成磷酸和核苷,核苷再经核苷酶作用分解为嘌呤或嘧啶、核糖。

$$核苷酸 + H_2O \xrightarrow{核苷酸酶} 核苷 + H_3PO_4$$

$$核苷 + H_2O \xrightarrow{核苷酶} 核糖 + 碱基$$

$$核苷 + H_3PO_4 \xrightarrow{核苷磷酸解酶} 1-磷酸核糖 + 碱基$$

有些微生物能利用嘌呤或嘧啶作为生长因子、碳源和氮源。微生物对嘌呤或嘧啶继续分解,生成氨、二氧化碳、水及各种有机酸。

(三)脂肪和脂肪酸的分解

脂肪和脂肪酸作为微生物的碳源和能源,一般被微生物缓慢利用。但如果环境中有其他容易利用的碳源与能源物质时,脂肪类物质一般不被微生物利用。在缺少其他碳源与能源物质时,微生物能分解与利用脂肪进行生长。由于脂肪是由甘油与三个长链脂肪酸通过酯键连接起来的甘油三酯,所以,它不能进入细胞,细胞内贮藏的脂肪也不可直接进入糖的降解途径,均要在脂肪酶的作用下进行水解。

（1）脂肪的分解。

脂肪在微生物细胞合成的脂肪酶作用下（胞外酶对胞外的脂肪作用，胞内酶对胞内的脂肪作用），水解生成甘油和脂肪酸。

脂肪酶广泛存在于细菌、放线菌和真菌中。例如细菌中的荧光假单胞菌、黏质沙雷氏菌（又名灵杆菌）、分枝杆菌等，放线菌中的小放线菌，霉菌中的曲霉、青霉、白地霉等都能分解脂肪和高级脂肪酸。一般真菌产生脂肪酶的能力较强，而细菌产生脂肪酶的能力较弱。脂肪酶目前主要用于油脂、食品工业中，常被用作消化剂并用于乳品增香、制造脂肪酸等。

（2）脂肪酸的分解。

多数细菌对脂肪酸的分解能力很弱。但是，脂肪酸分解酶系诱导酶，在有诱导物存在情况下，细菌也能分泌脂肪酸分解酶，而将脂肪酸氧化分解。例如大肠杆菌有可被诱导合成脂肪酸的酶系，使含 6～16 个碳的脂肪酸靠基团转位机制进入细胞，同时形成乙酰辅酶 A，随后在细胞内进行脂肪酸的 $\beta-$ 氧化。

脂肪酸的 $\beta-$ 氧化是脂肪酸分解的一条主要代谢途径，在原核细胞的细胞膜上和真核细胞的线粒体内进行。由于脂肪酸氧化断裂发生在 $\beta-$ 碳原子上而得名。在 $\beta-$ 氧化过程中，能产生大量的能量，最终产物是乙酰辅酶 A。乙酰辅酶 A 直接进入 TCA 循环被彻底氧化成 CO_2 和 H_2O，或以其他途径被氧化降解。

（3）甘油的分解。

甘油可被微生物迅速吸收利用。甘油在甘油酶催化下生成 $\alpha-$ 磷酸甘油。后者再由 $\alpha-$ 磷酸甘油脱氢酶催化产生磷酸二羟丙酮。磷酸二羟丙酮可进入 EMP 途径或其他途径被进一步氧化。

二、微生物的合成代谢

微生物的合成代谢包括初级代谢物（如糖类、脂类、蛋白质、氨基酸、核酸、核苷酸等）的合成代谢与次级代谢物（如毒素、色素、抗生素、激素等）的合成代谢。

（一）单糖的合成

微生物在生长过程中，需不断从简单化合物合成糖类，以构成细胞生长所需的单糖和多糖。糖类的合成对自养和异养微生物的生命活动十分重要。单糖的合成主要有卡尔文循环（光合菌、某些化能自养菌）、乙醛酸循环（异养菌）、EMP 逆过程（自养菌、异养菌）、糖异生作用、糖互变作用。下面简要介绍由 EMP 逆过程及糖异生作用合成单糖。

1.由 EMP 逆过程合成单糖

单糖的合成一般通过 EMP 途径逆行合成 6－磷酸葡萄糖,而后再转化为其他糖,故单糖合成的中心环节是葡萄糖的合成。EMP 途径中大多数的酶促反应是可逆的,但由于己糖激酶、磷酸果糖激酶和丙酮酸激酶三个限速酶催化的三个反应过程都有能量变化,因而其可逆反应过程另有其他酶催化完成。

(1)由丙酮酸激酶催化的逆反应由两步反应完成。

丙酮酸激酶催化的反应使磷酸烯醇式丙酮酸转移其能量及磷酸基生成ATP,这个反应的逆过程就需吸收等量的能量,因而构成"能障"。为了绕过"能障",另有其他酶催化逆行过程。具体过程如下:

$$\text{丙酮酸} \xrightarrow[\text{丙酮酸羧化酶}]{\text{ATP \quad ADP+Pi}} \text{草酰乙酸} \xrightarrow[\text{磷酸烯醇式丙酮酸羧激酶}]{\text{GTP \quad GDP+Pi}} \text{磷酸烯醇式丙酮酸}$$

(2)由己糖激酶和磷酸果糖激酶催化的两个反应的逆行过程。

己糖激酶(包括葡萄糖激酶)和磷酸果糖激酶所催化的两个反应都要消耗 ATP。这两个反应的逆行过程:1,6－二磷酸果糖生成 6－酸果糖及 6－磷酸葡萄糖生成葡萄糖,分别由两个特异的果糖－2－磷酸酶和葡萄糖－6－磷酸酶水解己糖磷酸酯键完成。

$$\text{1,6－二磷酸果糖} \xrightarrow{\text{果糖－2－磷酸酶}} \text{6－磷酸果糖}$$

$$\text{6－磷酸葡萄糖} \xrightarrow{\text{葡萄糖－6－磷酸酶}} \text{葡萄糖}$$

由 EMP 途径的逆反应过程合成葡萄糖的总反应式为:

2 丙酮酸＋4ATP＋2GTP＋2NADH＋2H$^+$＋6H$_2$O→葡萄糖＋2NAD$^+$＋4ADP＋2GDP＋6Pi＋6H$^+$

2.由糖异生作用合成单糖

非糖物质转变为葡萄糖或糖原的过程称为糖异生作用。非糖物质主要有生糖氨基酸(甘氨酸、丙氨酸、苏氨酸、丝氨酸、天冬氨酸、谷氨酸、半胱氨酸、脯氨酸、精氨酸、组氨酸、赖氨酸等)、有机酸(乳酸、丙酮酸及三羧酸循环中各种羧酸等)和甘油等。糖异生的途径基本上是 EMP 途径或糖的有氧氧化的逆过程。例如,异养菌以乳酸为碳源时,可直接氧化成丙酮酸,后者经EMP 途径的逆反应过程合成葡萄糖。代谢物对糖异生具有调节作用。糖异生原料(如乳酸、甘油、氨基酸等)的浓度高,可使糖异生作用增强。

(二)氨基酸的合成

微生物细胞内能生物合成所有的氨基酸,其生物合成主要包括氨基酸碳骨架的合成[①]，以及氨基的结合两个方面。在合成含硫氨基酸时，还需要硫的供给。

氨基酸的合成主要有三种方式：

（1）氨基化作用：指 α—酮酸与氨反应形成相应的氨基酸。

（2）转氨基作用：在转氨酶（又称氨基转移酶）催化下将一种氨基酸的氨基转移给酮酸，生成新的氨基酸的过程。

（3）以糖代谢的中间产物为前体物合成氨基酸：21 种氨基酸除了通过上述两种方式合成外，还可通过糖代谢的中间产物，如 3—磷酸甘油醛、4—磷酸赤藓糖、草酰乙酸、3—磷酸核糖焦磷酸等经一系列生化反应而合成。

根据前体物的不同，可得到不同种氨基酸，氨基酸的生物合成如图 2—11 所示。

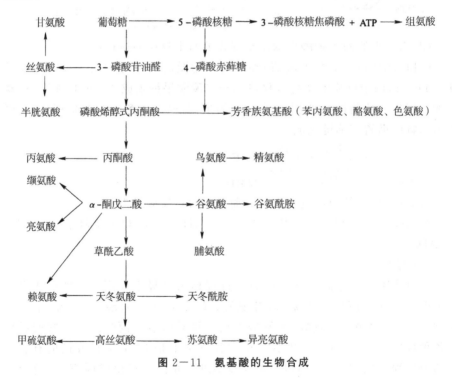

图 2—11　氨基酸的生物合成

（三）核苷酸的合成

核苷酸是核酸的基本组成单位，由碱基、戊糖、磷酸所组成。根据碱基成

---

①合成氨基酸的碳骨架主要来自糖代谢（EMP 途径、HMP 途径和 TCA 循环）产生的中间产物，而氨有以下几种来源：1)直接从外界环境获得；2)通过体内含氮化合物的分解得到；3)通过固氮作用合成；4)硝酸盐还原作用合成。

分可将核苷酸分为嘌呤核苷酸和嘧啶核苷酸。嘌呤核苷酸的全合成途径由磷酸核糖开始，然后与谷氨酰胺、甘氨酸、CO_2、天冬氨酸等代谢物质逐步结合，最后将环闭合起来形成次黄嘌呤核苷酸（IMP），并继续转化为腺嘌呤核苷酸（AMP）和鸟嘌呤核苷酸（GMP）。

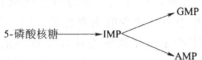

从 IMP 转化为 AMP 和 GMP 的途径，在枯草芽孢杆菌中，分出两条环形路线，GMP 和 AMP 可以互相转变；而在产氨短杆菌中，从 IMP 开始分出的两条路线不是环形的，而是单向分支路线，GMP 和 AMP 不能相互转变。当核苷酸的全合成途径受阻时，微生物可从培养基中直接吸收完整的嘌呤、戊糖和磷酸，通过酶的作用直接合成单核苷酸，所以称为补救途径。嘌呤碱基、核苷和核苷酸之间还能通过分段合成相互转变。

嘧啶核苷酸的生物合成是由小分子化合物全新合成尿嘧啶核苷酸，然后再转化为其他嘧啶核苷酸。

DNA 中的胸腺嘧啶脱氧核苷酸是在形成尿嘧啶脱氧核糖核苷二磷酸后，脱去磷酸，再经甲基化生成。

第四节　微生物的次级代谢

一、次级代谢与次级代谢产物

一般将微生物从外界吸收各种营养物质，通过分解代谢与合成代谢，生成维持生命活动的物质和能量的过程，称为初级代谢。

（一）菌体竞争的优势

抗生素可以抑制或杀死某些微生物，而产生菌自身一般不敏感，因此在自然条件下，认为菌体产生抗生素可使其在生存竞争中占优势。

（二）次级代谢产物作用的形式

根据链霉素合成的机理，可将次级代谢视为提供某种结构单位或储备某些有特定功能代谢物的过程。在链霉素合成中，脯氨酸、组氨酸、精氨酸等氨基酸对链霉素合成有促进作用。链霉素分子中氮的含量较高，因此认为链霉素是过剩氮元素的储存形式。但次级代谢产物种类繁多,不能把所有的次级代谢产物都视为储藏物质。

(三)与细胞分化有关

细胞分化是指营养细胞转化为孢子的过程。次级代谢出的物质之一是抗生素,是细胞分化过程中不可缺少的重要物质。因为许多产生孢子的微生物都可产生抗生素;而不产生孢子的突变株几乎都不能合成抗生素,突变恢复后,可重新获得合成抗生素的能力;孢子形成的抑制剂也抑制抗生素的合成。目前,据研究和调查,二者的关系尚不清楚,已知抗生素可抑制或阻遏营养细胞大分子物质的合成,如肽类抗生素可抑制细胞壁或细胞膜的合成,从而利于内生孢子的形成。当然抗生素合成与孢子形成是两个独立的过程,但可能存在共同的调节机制。

次级代谢对微生物分化的调节在很多时候是十分重要的。目前已从真菌中分离到诱导细胞分化的调节分子,并确证形态分化可通过特殊的内源因子调节。而该内源因子在微生物营养生长阶段无任何功能,为次级代谢产物。

(四)次级代谢的产物

次级代谢的产物大多数是分子结构比较复杂的化合物,如抗生素、生物碱、毒素、色素、激素等。与食品有关的次级代谢产物有抗生素、毒素、色素等。

1.抗生素

抗生素是微生物在次级代谢过程中产生的(以及通过化学、生物或生物化学方法由其所衍生的),以低微浓度选择性地作用于其他种类生物机能的一类天然有机化合物。已发现的抗生素大部分为选择性地抑制或杀死某些种类微生物的物质。抗生素主要来源于微生物,特别是某些放线菌、细菌和真菌。例如灰色放线菌产生链霉素、金色放线菌产生金霉素、纳他链霉菌产生纳他霉素等。霉菌中点青霉和产黄青霉产生青霉素、展开青霉和里青霉产生灰黄霉素等。一些细菌如枯草芽孢杆菌产生枯草菌素、乳酸乳球菌(旧称乳酸链球菌)产生乳链球菌素(Nisin)等。

抗生素主要通过抑制细菌细胞壁合成、破坏细胞质膜、改变细胞膜的通透性或作用于呼吸链以干扰氧化磷酸化、抑制蛋白质与核酸合成等方式抑制或杀死病原微生物。因此,抗生素是临床、农业和畜牧业生产上广泛使用的化学治疗剂。此外,在工业发酵中抗生素用于控制杂菌污染;在微生物育种中,抗生素常作为高效的筛选标记。近年来,一些细菌和放线菌产生的抗生素作为天然生物防腐剂,在食品防腐保鲜中已广泛应用。

在国际上抗生素用于食品防腐保藏尚有争论。为了确保抗生素在食品防腐中的使用安全和使用效果,有人提出食品中应用的抗生素必须符合以下条件:①必须无毒,无致癌性,对人体无过敏性;②有广谱抗菌作用,并保持性质稳定;③能被降解成无害的物质,或对于一些需要烹调的食品能在烹调过程中被降解;④不应被食品中的成分或微生物代谢产生的成分所钝化;⑤不会刺激抗性菌株的出现;⑥在商业条件和贮藏方法上必须有效;⑦医疗或饲料添加剂中使用的抗生素不应在食品中使用。

目前国内外已研制和推广使用几种高效无毒的天然生物防腐剂,主要有乳酸链球菌素(Nisin)、枯草菌素、聚赖氨酸、纳他霉素(Natamycin)等。

2.毒素

某些微生物在次级代谢过程中能产生对人和动物有毒害的物质,称为毒素。细菌产生的毒素可分为外毒素和内毒素两种,而霉菌只产生外毒素,为真菌毒素。细菌外毒素是某些病原细菌(主要是 G^+)在生长过程中合成并不断分泌到菌体外的毒素蛋白质;真菌毒素是某些产毒霉菌在适宜条件下产生的能引起人或动物病理变化的次级代谢产物。外毒素的毒性较强,但多数不耐热(金黄色葡萄球菌肠毒素、黄曲霉毒素除外),加热 70 ℃毒力即被减弱或破坏。能产生外毒素的微生物包括病原细菌和霉菌中的某些种。例如,破伤风梭菌、肉毒梭菌、白喉杆菌、金黄色葡萄球菌、链球菌等 G^+ 菌,霍乱弧菌、绿脓杆菌、鼠疫杆菌等 G^- 菌,以及黄曲霉、寄生曲霉、青霉、镰刀菌等。内毒素即是 G^- 菌细胞壁的脂多糖(LPS)部分,只有在菌体自溶时释放出来。内毒素的毒性较外毒素弱,但多数较耐热,加热 80 ℃~100 ℃,1 h 才被破坏。能产生内毒素的病原菌包括肠杆菌科的细菌(如致病性大肠杆菌、沙门氏菌等)、布鲁氏杆菌和结核分枝杆菌等。

3.色素

许多微生物在培养中能合成一些带有不同颜色的次级代谢产物,称为色素。色素或积累于细胞内,或分泌到细胞外。根据它们的性质可分为水溶性色素和脂溶性色素。产生的水溶性色素使培养基着色,如绿脓菌色素、兰乳菌色素、荧光菌的荧光素等。有的产生脂溶性色素,使菌落呈各种颜色,如黏质沙雷氏菌的红色素、金黄色葡萄球菌的金黄色素等。还有一些色素,既不溶于水,也不溶于有机溶剂,如霉菌的黑色素和褐色素等。霉菌和放线菌产生的色素更多。由于不同菌种产生的色素不同,可用来作为鉴定微生物种类的依据之一。有的色素可用作食品着色剂,如红曲霉属(Monascus)的紫红色素等。

4.激素

某些微生物能产生刺激植物生长或性器官发育的一类生理活性物质,称为激素。目前已经发现微生物能产生 15 种激素,如赤霉素、细胞分裂素、生长刺激素等。生长刺激素是由某些细菌、真菌、植物合成,能刺激植物生长的一类生理活性物质。已知有 80 多种真菌能产生吲哚乙酸。例如,真菌中的菱白黑粉菌产生的吲哚乙酸、赤霉菌(禾谷镰刀菌的有性世代)所产生的赤霉素是目前广泛应用的植物生长刺激素。

二、次级代谢的调节

(一)次级代谢与初级代谢的关系

初级代谢产物是指微生物生长繁殖所必需的代谢产物,如醇类、氨基酸、脂肪酸、核苷酸,以及由这些化合物聚合而成的高分子化合物(多糖、蛋白质、脂类和核酸等)。与食品有关的微生物的初级代谢产物有酸类、醇类、氨基酸和维生素等。同初级代谢相比较,次级代谢的生理意义就没有那么明显的特征,次级代谢的产物一般情况下不是微生物生命活动所需要的能量或者物质。在实际的次级代谢中,如果在某个环节发生中断,将无法完成代谢的整个过程,并不影响微生物的生长、发育以及繁殖,次级代谢变异株与野生型菌株可在相同的培养基上生长。次级代谢的生理意义目前还没有明确的研究和说明,但它肯定对微生物是有意义的,否则这种需要多种酶类协同参与、并在精细的调节机制控制之下的代谢过程是不会在生物体内保存下来的。

(二)初级代谢对次级代谢的调节

初级代谢的中间产物往往是次级代谢的前体,次级代谢又是在菌体生长的后期,体内酶的活性会明显下降,是一些物质产生积累的情况下进行的。有专业人士表述此时的菌体的次级代谢将会被激活,积累下来的物质将会以初级代谢的形式转化为其他形式,主要目的是为了达到初级代谢的平衡或者消除积累过多的物质对细胞产生不利的影响。因而次级代谢也可被认为具有解毒功能。但是这种观点必须建立在次级代谢产物如抗生素对菌体本身无毒的基础上,而实际上抗生素的毒性常常比它的前体大得多,所以这种解毒的说法难以确立。

(三)诱导作用及产物的反馈阻遏或抑制

次级代谢也有诱导作用。例如,巴比妥虽不是利福霉素的前体物,也不参与利福霉素的合成,但有促进将利福霉素 SV 转化为利福霉素 B 的能力。同时,次级代谢产物的过量积累也能像初级代谢那样,反馈阻遏关键酶的生物合成或反馈抑制关键酶的活性。例如,青霉素的过量积累可反馈阻遏合成途径中第一个酶的合成量;霉酚酸的过量积累能反馈抑制合成途径中最后一步转甲基酶的活性。

三、次级代谢产物的生物合成

次级代谢产物合成的前体是初级代谢产物,在进入次级代谢过程后,通常要经过三个步骤完成次级代谢产物的合成,即前体聚合、结构修饰和不同组分的装配。

次级代谢产物的合成过程可以用以下模式概括:

营养物质(C、N、P、S) $\xrightarrow{\text{初级代谢}}$ 前体 $\xrightarrow{\text{聚合、结构修饰、装配}}$ 次级代谢产物

次级代谢产物通常由以下几条途径进行生物合成。

(一)前体物和主要生物合成途径

合成次级代谢产物的前体物是起始物分子经直接修饰后形成的衍生物,或者是起始物分子与寡聚物偶联后再经修饰的产物。各种结构单体按照一定的方式进行生物合成,在缩聚过程中结合同源或异源结构单体。结构单体如大环内酯糖苷等能像修饰糖一样连接到其他组成结构上。

合成次级代谢产物的结构单体包括低级脂肪酸的辅酶 A 衍生物(乙酰辅酶 A、丙酰辅酶 A、丁酰辅酶 A 和己丁酰辅酶 A)。由乙酰辅酶 A 衍生而来的甲羟戊酸、氨基酸和糖(主要是葡萄糖),以及核苷(嘌呤和嘧啶)。这些结构单体的寡聚通过三种途径完成,即糖基化、脂肪酸或氨基酸的缩聚反应。

(二)通过生物合成修饰次级代谢产物

在生物合成修饰次级代谢产物中,氨基酸可用作合成多种抗代谢物和酶抑制剂的前体,单糖刚经修饰后可用于次级代谢产物。芳香族氨基酸合成途径的中间物提供了合成氯霉素的起始前体物。在代谢过程中各种高级脂肪酸,包括聚酮和脂肽类是合成次级代谢产物的前体。自然存在的各种核苷类抗生素则是由胞内核苷经一系列氧化、脱氢和碳骨架重排而形成的。另一个生物合成次级代谢产物的途径是以核糖和自由核苷碱基为起始物,分别偶联到其他核苷碱基和糖类似物上形成次级代谢产物。

(三)聚酮

许多聚酮型次级代谢产物一般是以脂酰辅酶 A 为起始物,与丙二酰辅酶 A 通过头尾脱羧经缩聚反应产生的。其反应机制有的类似于脂肪酸的生物合成,再通过与其他的丙二酰辅酶 A 单体缩合使链延长,各种脂酰辅酶 A 结构单体可用作合成起始物或延伸物。这种合成方式与脂肪酸合成的差别在于紧接着起始缩合(β酮酸还原脱氢,水合)的酶反应不是按正常的反应进行,反应的随机性由聚酮合成酶不同产生。最终产物由多种环状或聚环状结构单体经分子内缩合形成。

(四)萜

次级代谢产物中的类萜,如单萜、倍半萜、二萜和三萜类结构物是从乙酰辅酶 A 经过甲羟戊酸和异戊烯焦磷酸而形成的。合成类萜的起始步骤(如 β 羟基 β—甲基戊二酰辅酶 A、异戊烯焦磷酸、桄牛儿焦磷酸、法尼焦磷酸的形成)与真菌和细菌细胞内的某些必需成分如类固醇等的形成是一样的。类萜次级代谢物通常存在于植物和真菌的次级代谢产物中,在细菌中则少见。

(五)糖衍生的寡聚结构物

单糖经转化后与多种核苷酸和脱氧核苷酸衍生物,与其他活化糖经偶联反应在放线菌中产生了 200 多种寡糖结构物。链霉素的生物合成就是糖衍生次级代谢产物形成的例子,而且该生物合成机制,即糖激活和转化的反应机理也可用于研究混合型结构物,如大环内酯、杀炭疽菌素类抗生素和糖肽的生物合成。在链霉素分子中,L—氨基葡萄糖、链霉胍和 L—链霉糖是其主要组成成分,它们通过三个独立的多步途径合成,但反应起始物均为葡萄糖或葡萄糖的核苷衍生物,反应中经历脱氢、消旋等多种酶反应步骤,再通过三个亚单位的组装,最终经胞外的氧化和去磷酸化反应形成有生物活性的链霉素。

(六)寡肽和多肽

已知在次级代谢过程中会形成三种肽键,即:①通过简单的氨基酸酶偶联反应形成最多 5 个氨基酸的短链多肽(谷胱甘肽、肽聚糖);②通过多酶复合物系统合成非核糖体合成的长链多肽(包含大约 50 个氨基酸);③经核糖体合成机制合成的多肽。

研究表明,许多在细菌中的产物,如短杆菌肽、细菌素和短杆菌酪肽以及真菌中的次级代谢产物,如环孢菌素等均是利用多酶复合物体系合成的寡肽,这是一种重要的次级代谢产物生物合成的机制。其中氨基酸的激活是通过形成腺苷酸实现的,并通过硫酯键将其连接到非核糖体合成多酶复合物系统中。在该系统中一个个氨基酸被连接起来形成大的多肽,序列与被激活的氨基酸顺序是完全一样的,而且该多肽可能由几个亚基组成。酶法合成多肽的多载体多步模型如图 2—12 所示。

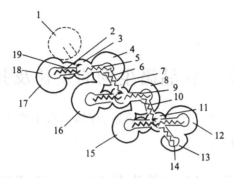

图 2-12 酶法合成多肽的多载体多步模型

1—缩合结构域;2~4—磷酸泛酰巯基乙胺;3—载体结构域;4—缩合结构域;5—起始点;6—A 位点;7—载体结构域;8—缩合结构域;9—P 位点;10—A 位点;11—载体结构域;12—差向异构结构域;13—硫脂酶结构域;14—出口位点;15—活化结构域 3;16—活化结构域 2;17—活化结构域 1;18—亚结构域 2;19—亚结构域

(七)结构物与前体物的合成

次级代谢过程的进行是在生物合成链中各种专一性酶的作用下完成的。但其中有些酶的底物专一性并不高,因此经常会得到一些结构被修饰的产物。另外,通过前体物引导的生物合成可从次级代谢合成的混合物中得到某一单一成分。其方法是添加前体物分子或通过添加代谢抑制剂以干扰某些次级代谢产物的生物合成,而且某些生产菌甚至能够利用天然前体物的结构类似物用以合成原代谢产物的衍生物。

突变生物合成就是利用被阻断的特异型突变株合成原代谢产物结构类似物的过程。这些突变株无法完成生物合成途径的全过程,当把缺失的中间产物添加到培养基时,生物合成过程就会被重新启动。如果添加的是相应中间产物的结构衍生类似物,则会产生原代谢产物的结构类似物。该方法已用于生产实践中,并得到了比原代谢产物效果更好的产物。

与突变生物合成方法相类似的是杂交生物合成法。在该方法中要先利用在次级代谢生物合成途径中被阻断特定步骤的特异型突变株。由于缺少进行下一步转化反应的酶,有些突变株能够积累干扰生物合成链的中间产物。如果这些中间产物被添加到缺乏类似中间产物的其他阻断型突变株的生物合成中,这些额外添加的异源代谢产物能够按照原有的次级代谢途径用于次级代谢产物的合成。于是,次级代谢产物的结构杂交体会在两种不同的菌株中产生。

第三章　食品微生物的生长及其控制

本章主要讲的是微生物的生长繁殖、环境对微生物生长的影响及微生物生长的测定三部分内容。

第一节　微生物的生长与繁殖

一、微生物的生长

微生物在适宜的环境条件下,会有两种现象产生,一个是同化作用,一个是异化作用。微生物的同化作用是微生物新陈代谢中一个重要的过程,将消化后的营养重新组合,形成有机物和贮存能量的过程,这种类型包括了自养型和异养型两类。微生物的异化作用是:降解营养物质的过程,这种营养物质来自于周围环境和微生物自身贮存的能量。如果在适宜的环境下,微生物的同化作用大于异化作用,细胞将会不断地增加,细胞体积和质量不断地增大,这就是微生物的生长。

当细胞生长到一定程度时,将会分裂为两个极其相似的细胞。如果是单细胞微生物,将会是细胞的繁殖,如图3—1所示。

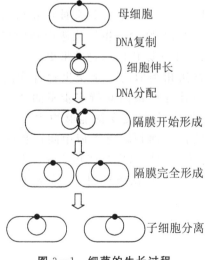

图3—1　细菌的生长过程

对于多细胞微生物来讲,在细胞数量增加的同时,也会有个体数目的增加,这叫作生长。微生物生长到一定程度后,将会繁殖,这种过程是量变到质变的过程,整体的过程统称为微生物的发育。

个体生长→个体繁殖→群体生长

群体生长＝个体生长＋个体繁殖

细菌从生长到繁殖过程中,所受的环境(内外环境)因素具有很重要的作用。当微生物处于适宜的环境下,发育会正常,繁殖速度将会加快;如果适宜的环境被改变,微生物将会减少生长速度和繁殖速度,甚至有些微生物对外部环境极其敏感,将会死亡。因此,在发酵工业中,要提供适宜微生物生长繁殖的外部环境,这样将会有利于微生物的生长、繁殖及发酵。但是在食品加工的环节中,将会研究灭菌的方法或者抑制细菌生长的方法,以保证食品的卫生与安全,可以延长食品的货架期。

在自然界中微生物一般是多种菌种混杂生长的。例如,一小块土壤和一滴水中生长着许多细菌和其他微生物,要想研究某一种微生物,必须把混杂的微生物类群分离开,以得到只含有一种微生物的培养物。微生物学中将从一个细胞得到后代的微生物的培养称为微生物的纯培养,只含有一种微生物的培养物称为纯培养物。微生物的纯培养可以按以下方法进行。

1.稀释倒平板法

先将快要分离的材料用无菌水做稀释,然后取不同稀释度的稀释液少许,分别与已熔化并冷却至 50 ℃左右的琼脂培养基混合,摇匀后,倾入已灭菌的培养皿中,待琼脂凝固后,制成可能含菌的琼脂平板,在适合微生物生长的温度下培养一段时间,如果稀释恰当,将会在平板或者琼脂培养基中看到分散的单个菌落,这个菌落可能是一个细胞繁殖的。随后,调取该细胞菌落,按照以上步骤继续在培养基中培养。

2.涂布平板法

在稀释倒平板法中,由于含菌材料与较高温度的培养基混合中易致某些热敏感菌死亡,一些严格好氧菌也因被琼脂覆盖而缺氧,进而影响生长。此时,可采用稀释涂布平板法。该方法具体的操作是先制成无菌培养基平板,待凝固后,将一定量的稀释度含菌样品悬液滴加在平板表面,然后再用无菌玻璃棒涂抹均匀,在不同的设定条件下培养后,调取单个菌落进行纯培养,如图3-2所示。本法较适于好氧菌的分离与计数,这种分离纯化方法通常需要重复进行多次操作才能获得纯培养。

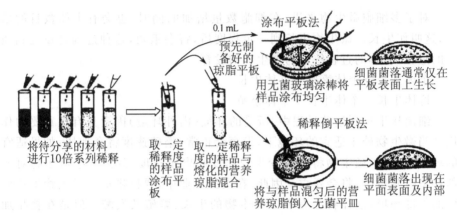

图 3-2　涂布平板法

3.平板划线分离法

将熔化的琼脂培养基倾入无菌平皿中,冷凝后,用接种环蘸取少量分离材料如图 3-3 所示的方法在培养基表面连续划线,经培养即长出菌落。随着接种环在培养基上的移动,可使微生物逐步分散,如果划线适宜的话,最后划线处常可形成单个孤立的菌落。这种单个孤立的菌落可能是由单个细胞形成的,因而为纯培养物。

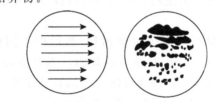

(a)平板划线法及细菌生长情况

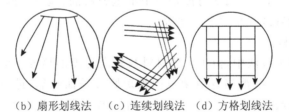

(b)扇形划线法　(c)连续划线法　(d)方格划线法

图 3-3　平板划线分离法

4.稀释摇管法

在微生物分类中,有喜氧微生物和厌氧微生物,厌氧微生物对氧气极其敏感,在培养的过程中需要使用稀释摇管法,它是稀释倒平板法的另外一种形式。具体的操作如下:

(1)先将培养基中的无菌琼脂融化后冷却,并保持在 50 ℃左右。

(2)将待分离的材料用这些试管进行梯度稀释,试管迅速摇动均匀。

（3）冷却后，在琼脂柱表面倾倒一层灭菌液体石蜡和固体石蜡的混合物，将培养基和空气隔开。

（4）培养后，菌落在琼脂柱的中间形成，进行单菌落的挑取和移植，需先用一只灭菌针将石蜡盖取出，再用一只毛细管插入琼脂和管壁之间，吹入无菌无氧气体，将琼脂柱吸出。

（5）放置在培养皿中，用无菌刀将琼脂柱切成薄片进行观察和菌落的转接操作（一般是进行深层穿刺接种）。

5.单细胞分离稀释法

稀释摇管培养法有一个很明显的缺点就是不适用于分离混杂的微生物群体。在自然界中，有很多种微生物，它们的种类不同，生长的环境不同，而且大多就是混杂群体，一般采用显微分离法会从群体中直接分离出单细胞或个体进行纯培养，这种方法就是单细胞分离稀释法。

单细胞分离法适用于细胞或个体较大的微生物，如藻类、原生动物、真菌（孢子）等，细菌纯培养一般用单细胞（单孢子）分离法较为困难。根据微生物个体或细胞大约差异，可采用毛细管大量提取单个个体，然后清洗并转移到灭菌培养基上进行连续的纯培养；可以使用低倍显微镜下进行操作，对于个体微生物来讲，体积小，需要借助在显微镜下才能进行分离。单细胞分离法对操作技术有比较高的要求，在高度专业化的科学研究中采用较多。

6.利用选择培养基分离法

不同的细菌需要不同的营养物。有些细菌的生长适于酸性，有些则适于碱性；各种细菌对于化学试剂如消毒剂、染料、抗生素及其他物质等有不同的抵抗能力。因此，可以把培养基配制成适合于某种细菌生长而限制其他细菌生长的形式。这样的选择培养基可用来分离纯种微生物，也可以将待分离的样品先进行适当处理以排除不希望分离到的微生物。

上述方法获得的纯培养可作为保藏菌种，用于各种微生物的研究和应用。通常所说的微生物的培养就是采用纯培养进行的。为了保证所培养的微生物是纯培养，在微生物培养过程中防止其他微生物的混入是很重要的，若其他微生物混入了纯培养中则称为污染。

二、对微生物繁殖控制的基本理念

对于微生物的控制并不意味着就是彻底杀灭，根据需要的不同，杀灭的程度也不尽相同。

（一）抑制微生物的生长

抑制微生物的生长是改变微生物生长的环境，使微生物暂时性休眠，移去这种因子后生长仍可以恢复的生物学现象。

(二)死亡

死亡是在致死剂量因子或在亚致死剂量因子长时间的作用下,导致微生物丧失了生长能力,即使使其环境改变到适宜的状态下,微生物也无法恢复生长的现象。

(三)防腐

防腐是利用某种理化因素,完全抑制微生物的生长和繁殖,从而抑制了发霉现象的产生。在此过程中,具有防腐作用的化学物质称之为防腐剂。

(四)消毒

消毒是一种采用比较温和的理化因素,杀死物体表面的细菌,或杀死对人体有害的微生物细菌。具有消毒作用的剂量称之为消毒剂,一般的消毒剂在一定剂量下只能杀死微生物的营养体,对芽孢则无杀灭作用。

(五)灭菌

和杀菌相比较,灭菌比较彻底,它不仅可以消灭微生物的营养体,同时还能灭掉芽孢在内的所有微生物。灭菌后的物体,不再可能有微生物的存活。灭菌和溶菌相比较,溶菌是将细胞发生溶化、消失的现象。

(六)商业灭菌

商业灭菌是指利用某种方法杀死大部分微生物和所有病原微生物的一种措施。

(七)化疗

化疗即化学治疗,它是利用具有高度选择毒力,即对病原菌具有高度毒力而对宿主无显著毒性的化学物质来抑制宿主体内病原微生物的生长繁殖,借以达到治疗该病的一种措施。用于化疗目的的化学物质被称为化学治疗剂,重要的化学治疗剂有磺胺类药物、各种抗生素和中草药中的有效成分等。

第二节 环境对微生物生长的影响

影响微生物生长的因素有很多种,不仅有自然界环境中的因素,还包括了理化因素、化学因素等。当微生物的生长环境发生改变时,会引起微生物的改变,这种改变不仅包含了微生物的生理特征的改变,还有可能导致微生物的死亡。

从生产的需要出发,研究微生物的个体发育与生理性能很重要。但是,研究时必须与外界环境条件所给予的影响联系起来,才能得出正确的结论。

人们控制和调节微生物所处的环境条件,其目的就是要促进某些有益微生物的生长,发挥它们的有益作用,如用于酿酒、制醋、制酸乳等发酵食品;抑制和杀死那些不利于人类的微生物,并清除它们的有害作用,如防止食品的腐败、变质等。

微生物所处的环境条件既是综合的、复杂的,又是多变的。各种微生物生活需要的条件也不相同,如嗜热微生物生长就需要高的温度,而嗜酸的微生物则需要酸的环境等。本节主要讨论的是自然环境对微生物生长的影响、理化因素对微生物生长的影响两个方面。

一、环境因素

(一)温度影响着微生物的生长

温度影响着微生物的生命活动,而微生物的生命活动是有一系列的生物化学反应组成的,温度对这些反应的影响是很明显的。因此,温度对于微生物的生长,是最重要的因素之一。本文主要讨论的是微生物的初生长范围内的各种温度。

与其他生物一样,不同的微生物对温度的要求也是不同的,但总有最低生长温度、最适生长温度和最高生长温度这 3 个重要指标,这就是生长温度的三基点。如果将微生物作为一个整体来看,它的温度三基点是极其宽的,由以下可以看出,如图 3—4 所示。

生长温度三基点
- 最低生长温度:一般为 $-10\ ℃\sim -5\ ℃$,极端为 $-30\ ℃$
- 最适生长温度
  - 嗜冷菌:$<20\ ℃$(一般为 $15\ ℃$)
  - 中温菌:$20\ ℃\sim 45\ ℃$
    - 室温菌:约 $25\ ℃$
    - 体温菌:约 $37\ ℃$
  - 嗜热菌:$>45\ ℃$(一般为 $50\ ℃\sim 60\ ℃$)
- 最高生长温度:一般为 $80\ ℃\sim 95\ ℃$,极端为 $105\ ℃\sim 150\ ℃$

图 3—4　微生物生长的三基点

由图 3—4 所示,温度在 $-12\ ℃\sim 100\ ℃$ 条件下,微生物均可以生长;还可以看出每一种微生物只能在一定范围内的温度下生长。

最低生长温度是指微生物在低温度下可以生长和繁殖的温度。处于这种温度下的微生物,生长速率会很低,如果再低于此温度,微生物将会完全停止生长。不同的微生物最低生长温度是不同的,主要是由微生物的生理特性决定的。

最适生长温度是指某菌分裂一代时最短或生长速率最高时的培养温度。即使是同一种微生物在不同的生长阶段,所需的温度也会不同,这里所说的最适生长温度并不表示生长量最高时的培养温度,也不表示发酵速度最高时的培养温度或累积代谢产物量最高时的培养温度,更不等于累积某一代谢产物量最高时的培养温度。所以,根据不同阶段的微生物生长,采用不同的温度进行培养和发酵。

最高生长温度是指微生物生长繁殖的最高温度界限。在此温度下,微生物细胞极易衰老和死亡。微生物所能适应的最高生长温度与其细胞内酶的性质有关。例如,细胞色素氧化酶及各种脱氢酶的最低破坏温度常与该菌的最高生长温度有关。

最高生长温度如进一步升高,便可杀死微生物,这种致死微生物的最低温度界限即为致死温度。致死温度与处理时间有关。在一定的温度下处理时间越长,死亡率越高。严格地说,一般以 10 min 为标准时间。细菌在 10 min 被完全杀死的最低温度称为致死温度。

在测定微生物致死温度时,一般将会用到生理盐水,以减少有机物质受到干扰。微生物按其生长温度范围可分为低温型微生物、中温型微生物和高温型微生物 3 类。

1.低温型微生物

在低温下生长的微生物又称嗜冷微生物,这种微生物可在较低的温度下生长和繁殖。这样的微生物通常分布在地球两极或土壤中,甚至在极微小的液态水间隙里。这种嗜冷微生物主要有:杆菌属、假单胞杆菌属、黄色杆菌属、微球菌属等。有些肉类上的霉菌如芽枝霉在 -10 ℃条件下仍能生长,荧光极毛菌可在 -4 ℃的条件生长,并造成冷冻食品变质腐败。

耐冷型微生物要比嗜冷微生物分布广泛得多,主要集中在温带环境中,如土壤、水、肉、奶等。在日常生活中,我们冰箱里的水果汁、蔬菜要分离摆放。耐冷型微生物在温度大约为 40 ℃的环境中也可以生长。当夏天来临,气温开始变暖,变暖后的环境不利于热敏感嗜冷微生物的生存。环境的变化其实在另一个层次上是优胜劣汰,它可以将耐冷型微生物种属生存,把嗜冷型微生物淘汰掉。耐冷微生物能在 0 ℃的条件下生长,但它们并不能很快很好地生长,在培养基中常常要几周才能用肉眼观察到。细菌、真菌、藻类及原核微生物的许多种属中都存在耐冷微生物。

一般情况下,为了抑制微生物的生长,将温度调至 0 ℃以下,主要是冻结菌体内部的水分,停止微生物的生长。有些微生物在冰点就会死亡,主要是因为细胞内的水分成了冰晶,微生物由于内部细胞脱水或者细胞膜造成了损伤,从而导致死亡。因此,在日常生活中,生产商常用低温保藏食品,对各种食品保藏的温度也会不同,同样使用了低温抑制微生物的生长原理。

2.中温型微生物

大多数的微生物都属于中温型微生物。最适生长温度为 20 ℃～40 ℃,

最低生长温度为 $10\,℃\sim20\,℃$,最高生长温度为 $40\,℃\sim45\,℃$。它们又可分为嗜室温微生物和嗜体温微生物。嗜体温微生物多为人及温血动物的病原菌,它们生长的极限温度为 $10\,℃\sim45\,℃$,最适生长温度与其宿主体温相近,为 $35\,℃\sim40\,℃$,人体寄生菌为 $37\,℃$ 左右。引起人和动物疾病的病原微生物、发酵工业应用的微生物菌种,以及导致食品原料和成品腐败变质的微生物,都属于这一类群的微生物。因此,它与食品工业的关系十分密切。

3.高温型微生物

嗜热微生物是指生长温度在 $45\,℃$,如果生长温度在 $80\,℃$ 以上为嗜高温微生物。高温型微生物分布局限于某种地方,如温泉、日照充足的地方等。

(二)氧气影响着微生物的生长

微生物对氧的需要和耐受能力在不同的类群中差别很大,按照微生物与氧的关系,可把它们粗分成好氧微生物和厌氧两大类,并可进一步细分为 5类,如图 3—5 所示。

微生物与氧的关系
- 好氧菌
  - 专性好氧菌:需氧,在正常大气压下通过呼吸产能
  - 兼性厌氧菌
    - 以呼吸为主,兼营发酵产能
    - 以呼吸为主,兼营厌氧呼吸产能
  - 微好氧菌:需在微量氧(0.01~0.03bar)下生活
- 厌氧菌
  - 耐氧菌:不需氧,只以发酵产能,氧无毒害
  - (专性)厌氧菌:氧有害或致死,以发酵或无氧呼吸产能

图 3—5　微生物与气的关系

1.专性好氧菌

专性好养微生物生长的首要条件就是氧气要高,该微生物有完整的呼吸链,以分子氧作为最终氢受体,具有超氧化物歧化酶和过氧化氢酶,绝大多数真菌和多数细菌、放线菌都是专性好氧菌,如,醋酸杆菌属、固氮菌属、铜绿假单胞杆菌和白喉棒状杆菌等。振荡、通气、搅拌都是实验室和工业生产中常用的供氧方法。

2.兼性厌氧菌

这种微生物对环境的适应能力很强,在有氧的环境下可以生长,在无氧的环境下也可以生长,有时也称为"兼性好氧微生物"。这种微生物在有氧的环境下,靠呼吸产生能量;在无氧的环境下,依靠发酵或者无氧呼吸产生能量。主要是因为此种微生物细胞内含有 SOD 和过氧化氢酶。许多酵母菌和细菌都是兼性厌氧菌。

3.微好氧菌

此种细菌的生长环境中,只有少许的氧气,在正常的大气压下才能生长。微好氧菌也是通过呼吸链并以氧为最终氢受体而产能的。例如,霍乱弧菌、

氢单胞菌属、发酵单胞菌属和弯曲杆菌属等。

4.厌氧菌

厌氧菌有一般厌氧菌与严格厌氧菌(专性厌氧菌)之分。

厌氧菌的特点是：它们对氧气极其过敏，在生长发育中，有点氧气将会对生长和繁殖有影响，严重者将会死亡；在培养基中不会生长，这种微生物的生长状态必须是深层无氧条件下才可生长。生命活动所需要的能量通过无氧呼吸或者发酵等提供。

一些微生物与氧的关系及其在深层半固体琼脂柱中的生长状态如图3－6和图3－7所示。

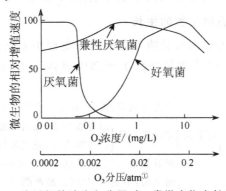

图3－6　分子氧的浓度和分压对3类微生物生长的影响

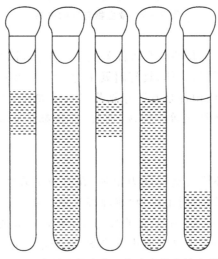

图3－7　5类微生物在半固体琼脂柱中的生长状态

在微生物世界中，绝大多数种类都是好氧菌或兼性厌氧菌。厌氧菌的种类相对较少，但近年来已找到越来越多的厌氧菌。

(三)pH 影响着微生物的生长

微生物作为一个整体来说,其生长的 pH 范围极广,有少数种类还可超出这一范围。但绝大多数微生物的生长 pH 都为 5~9。与温度的三基点相似,不同微生物的生长 pH 也存在最低、最适与最高 3 个数值。

虽然微生物的生长受外部环境的影响,但是微生物内部的 pH 相当的稳定,微生物细胞内部的 pH 接近中性,以免其他菌体受到破坏。pH 除了对微生物的细胞有直接的影响外,还对细胞有间接的影响。例如,可影响培养基中营养物质的离子化程度,从而影响微生物对营养物质的吸收,影响环境中有害物质对微生物的毒性,以及影响代谢反应中各种酶的活性等。

微生物的生命活动过程也会能动地改变外界环境的 pH,这就是通常遇到的培养基的原始 pH 在培养微生物的过程中会时时发生改变的原因。其中发生 pH 改变的可能反应有以下数种,如图 3-8 所示。

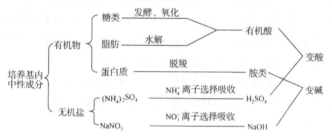

图 3-8　pH 在培养基中发生改变的过程

由图 3-8 所示的变酸和变碱的过程,在微生物的培养基中,大多数是以变酸为主的。因此,随着时间的延长,培养基中的 pH 将会逐渐下降,这就会影响到培养基中的细菌生长;培养基中 pH 的变化和碳氮有着直接的影响,如培养各种真菌的培养基,经培养后其 pH 常会显著下降;相反,碳氮比低的培养基,如培养一般细菌的培养基,经培养后,其 pH 常会明显上升。

如上文所说,培养基中 pH 发生变化,会对微生物的生长有直接的影响。因此,如何及时调整 pH 就成了微生物培养和发酵生产中的一项重要措施。现将微生物培养过程中调节 pH 的方法简要归纳如图 3-9 所示。

$$
\text{pH 调节}
\begin{cases}
\text{"治标"} \begin{cases} \text{过酸时:加 NaOH、Na}_2\text{CO}_3\text{ 等碱液中和} \\ \text{过碱时:加 H}_2\text{SO}_4\text{、HCl 等酸液中和} \end{cases} \\
\text{"治本"} \begin{cases} \text{过酸时:} \begin{cases} \text{加适当氮源:加尿素、NaNO}_3\text{、NH}_4\text{OH 或蛋白质等} \\ \text{提高通气量} \end{cases} \\ \text{过碱时:} \begin{cases} \text{加适当碳源:加糖、乳酸、乙酸、柠檬酸或油脂等} \\ \text{降低通气量} \end{cases} \end{cases}
\end{cases}
$$

图 3-9　调节 pH 的方法

二、物理因素影响着微生物的生长

在自然界中,微生物的分布是很广泛的,不管是对人体有益的还是有害的,都会时常伴随着人类的生活活动。微生物通过空气的流通、物体之间的相互接触及人和物体的相互接触传播,直到传播到适宜生长繁殖的地方为止。对人体有害的微生物例子有很多,如食品和工农业产品的霉腐变质;微生物工业发酵中的杂菌污染;人体和动植物受病原微生物的感染而患各种传染病;等等。对这些有害微生物应采取有效的措施来抑制或消灭它们。

物理因素能影响微生物的化学组成和新陈代谢;因此可以用物理方法抑制或杀灭微生物,控制微生物的物理方法主要有热力、辐射、干燥、超声波、过滤等。

(一)热力对微生物的控制

1.高温灭菌

高温灭菌是使用最为广泛的一种方法,在整个灭菌过程中使微生物的蛋白质和核酸等重要生物高分子发生破坏而导致死亡。在同一温度下,湿热灭菌要比干热灭菌效果好,主要是因为湿热灭菌,细胞里的蛋白质可以吸收空气的水分,可以使细胞凝固变性;湿热的蒸汽穿透力很强,比干热的穿透力还大。高温灭菌广泛应用于医药卫生、食品工业及日常生活中。

(1)热死时间。

在特定的条件和特定的温度下,杀死一定数量微生物所需要的时间,称为热(力致)死时间。

(2)D值。

D值是指在一定的温度下加热,活菌数减少一个对数周期所用的时间。在测定D值时,应该标注好时间以及温度。如图3—10所示。

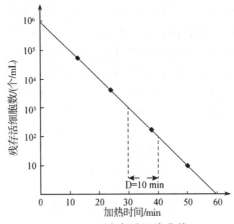

图3—10　残存活细胞曲线

（3）Z 值。

在加热致死曲线中，时间降低一个对数周期（即缩短 90％的加热时间）所需要升高的温度（℃），即为 Z 值，如图 3－11 所示。

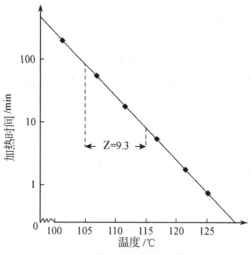

图 3－11　微生物加热致死的时间

（4）F 值。

在一定的基质中，其温度为 121.1 ℃，加热杀死一定数量微生物所需要的时间（min），即为 F 值。

2.高温灭菌的具体方法

在干燥条件下，一般细菌的繁殖体 80 ℃～100 ℃ 1 h 可被杀死；芽孢则需 160 ℃～170 ℃ 2 h 能被杀死。其作用机制是脱水干燥和大分子变性。干热灭菌法包括以下几种：

（1）灼烧法。

灼烧法是直接用火焰烧灼而杀死微生物的方法，灭菌彻底，迅速简便，但使用范围有限。常用于金属性接种工具、污染物品及实验材料等废弃物的处理。

（2）干烤法。

干烤法是在密闭的烤箱中利用高热空气灭菌的一种方法。在 160 ℃～170 ℃条件下维持 1～2 h 可杀灭包括芽孢在内的一切微生物，可彻底灭菌，适用于高温下不变质、不损坏、不蒸发的物品，如一般玻璃器皿、瓷器、金属工具、注射器、药粉等。但应用此法时，需注意温度不宜超过 180 ℃，避免包装纸与棉花等纤维物品烧焦引起火灾。同时应注意玻璃器皿等必须洗净烘干，不能有油脂等有机物。

细菌的芽孢是耐热性最强的生命形式，因此，干热灭菌时间常以几种有代表性的细菌芽孢的耐热性做参考标准。

(二)影响微生物对热抵抗力的因素

1.细菌的品种

微生物的种类不同,其细胞结构和生物学特性也就会不同,对热力的抵抗也会不同。按照一般的规律来讲,嗜热菌的耐热力是最大的,其次就是嗜温菌,芽孢大于非芽孢菌,球菌大于非芽胞杆菌,革兰氏阳性菌大于革兰氏阴性菌,霉菌大于酵母菌,霉菌和酵母菌的孢子大于其菌丝体。细菌的芽孢和霉菌的菌核抗热力特别强。

2.细菌的年龄

在同样的条件下,对数期的菌体抗热力较差,而稳定期的老龄细胞抗热力较强,老龄的细菌芽孢较幼龄的细菌芽孢抗热力强。

3.菌体数量

细菌的数量越多,抗热能力就会越强。使用高温灭菌时杀死最后一个细菌所需要的时间也就会越长。根据研究得出,微生物群集在一起时,受热致死时间也是分先后顺序的,细菌在加热的过程中,会分泌出一些保护作用的蛋白物质,细菌越多,分泌出的保护物质就会越多,抗热能力也就会越强。

4.基质的因素

微生物的抗热能力会随着水量的减少而增大,同一种微生物,如果比较干热环境和湿热环境的抗热力强度,微生物在干热环境中的抗热力高于湿热环境中的抗热力。这主要是由于基质中的脂肪、蛋白质等物质对微生物有保护作用,并且微生物自身也会分泌出物质自保。微生物在 pH 为 7 左右时,抗热力最强,pH 升高或下降都可以降低微生物的抗热力,特别是在酸性环境下微生物的抗热力减弱得更明显。

5.加热的温度和时间

随着温度的不断升高。微生物的抗热力会逐渐降低,最后导致死亡。加热的时间越长,致死的作用也就会越大。温度越高,杀死微生物所需要的时间也就会越短。另外,由于其他因素的原因,在基质中有降低水分活性的作用,从而增强抗热力;而另一类盐类如钙盐、镁盐可减弱微生物对热的抵抗力。

(三)辐射对微生物生长的影响

用于消毒与灭菌的辐射是指可见光以外的电磁波,包括 X 射线、γ 射线、红外线、紫外线、微波等。大多数微生物不能利用辐射能源,且可因此而受到损害。故物理辐射往往被用于控制微生物。

1.红外线

红外线是指波长在 0.77～1 000 gm 的电磁波,在 1～10 gm 波长段热效应最强。在其照射处,能量被直接转换为热能,通过提高环境中的温度和引起水分蒸发而致干燥作用,间接地影响微生物的生长。

2.紫外线

紫外线是一种能量较低的电磁波,波长大概在 200～300 nm,它具有杀菌作用,波长在 260 nm 时杀菌率是最高的,这与核酸吸收光谱范围相一致。紫外线灭菌的种类有很多种,如细菌、真菌、病毒等,但是不同的微生物对紫外线的强度是不同的。最敏感的为革兰氏阴性球菌,其次为革兰氏阳性球菌,细菌芽孢和真菌孢子对紫外线的抵抗力最强。紫外线的能量低,穿透力弱,普通玻璃、纸、有机玻璃、一般塑料薄膜、尘埃和水蒸气等都对其有阻挡作用。因此,紫外线只适用于空气和物体表面的消毒。杀菌波长的紫外线对人体皮肤、眼睛均有损伤作用,使用时应注意防护。

3.电离辐射

高能电磁波 X 射线、γ 射线等波长更短,有足够的能量使受照射分子产生电离现象,故称为电离辐射。电离辐射具有较强的穿透力和杀菌效果,消毒灭菌具有许多独特的优点:①能量大,穿透力强,可彻底杀灭物品内部的微生物,灭菌作用不受物品包装、形态的限制;②不需加热,有"冷灭菌"之称,可用于忌热物品的灭菌;③方法简便,不污染环境,无残留毒性。现多用于医疗卫生用品的消毒灭菌,也能用于保藏食品、处理污水污泥。电离辐射可造成人体损伤,应注意防护。

4.微波

微波是一种波长在 1～1 000 mm 的电磁波,主要通过使介质内极性分子呈现有节律的运动,分子间互相碰撞和摩擦,产生热量而杀菌。微波的频率较高,穿透力较强,可穿透玻璃、塑料薄膜与陶瓷等物质,但不能穿透金属。多用于食品、药品、非金属器械及餐具的消毒。但灭菌效果不可靠。

(四)超声波对微生物生长发育的影响

超声波频率较高,但是人耳听不到。液体中的微生物细胞因为高强度的超声波照射导致细胞破碎死亡。超声波的杀菌效果和微生物细胞的大小、种类以及超声波频率的大小等有着密切的关系。杆菌比球菌、丝状菌比非丝状菌、体积大的菌比体积小的菌更易受超声波破坏,而病毒和噬菌体较难被破坏,细菌芽孢大多数情况下不受超声波影响。一般来说,高频率的超声波比低频率的杀菌效果好。

(五)过滤作用

过滤除菌是用滤器去除气体或液体中微生物的方法。常用的滤器有硅藻土滤器、蔡氏滤器、玻璃滤器、膜滤器和超净工作台、生物安全柜等,其原理是利用滤器孔径的大小来阻截液体、气体中的微生物。此法主要用于一些不耐热、也不能用化学方法处理的物品,如抗生素、维生素、酶等的除菌。但病毒及支原体等微生物因其颗粒太小,不能通过过滤法去除。

(六)干燥与低温

水是微生物细胞构成与代谢的必要成分,干燥可使微生物细胞脱水,代谢受到阻碍。多数细菌的繁殖体在空气中干燥时很快死亡,部分细菌如溶血性链球菌、结核分枝杆菌等抗干燥力较强。干燥法常用于保存食物,降低食物中的含水量直至干燥,可有效抑制其中微生物的繁殖,防止腐败变质。

多数细菌耐低温,在低温状态下,细菌的代谢减慢,生长繁殖受到抑制。当温度升至适宜范围时则能恢复生长、繁殖。因此,低温可用作保存食物、菌种等。

三、化学因素影响着微生物的生长

许多化学药剂能抑制或杀死微生物,根据它们的效应,可分为3类:消毒剂、防腐剂和灭菌剂。但在三者之间,没有严格的界限,因用量而异。用量少时可以防腐,称为防腐剂;用量多时,可以消毒,称为消毒剂;用量更多一些时,就可以起到灭菌作用,称为灭菌剂。

1.消毒剂和防腐剂

(1)破坏微生物的细胞壁、细胞膜。

如表面活性剂可使革兰阴性菌的细胞壁解聚;戊二醛可与细菌细胞壁脂蛋白发生交联反应、与胞壁酸中的D-丙氨酸残基相连形成侧链,从而封闭细胞壁,致使微生物细胞内外物质交换发生障碍;酚类及醇类可导致微生物细胞膜结构紊乱并干扰其正常功能,使其小分子代谢物质溢出胞外。

(2)引起菌体蛋白变性或凝固。

酸碱、醇类、醛类、染料、重金属盐和氧化剂等消毒防腐剂有此作用。例如,乙醇可引起菌体蛋白质构型改变而扰乱多肽链的折叠方式,造成蛋白质变性;二氧化氯能与细菌细胞质中酶的巯基结合,致使这些酶失活。

(3)改变核酸结构、抑制核酸合成。

部分醛类、染料和烷化剂通过影响核酸的生物合成和功能发挥杀菌抑菌作用。例如,甲醛可与微生物核酸碱基环上的氨基结合;环氧乙烷能使微生物核酸碱基环发生烷基化;吖啶染料上的吖啶环可连接于微生物核酸多核苷酸链的两个相邻碱基之间。这类化学消毒剂除能杀菌抑菌外,同样可杀灭病毒。化学消毒剂、防腐剂的作用常以上述机制中的一种为主,同时也有其他方面的综合作用。故也可对人体组织造成损害,仅能外用或用于环境消毒。

2.化学消毒剂、防腐剂的应用

理想的消毒剂应具有以下特征:杀灭各种类型的微生物;作用迅速;不损伤机体组织或不具有毒性作用;其杀菌作用不受有机体的影响;能透过被消毒的物体;易溶于水,与水形成稳定的水溶液或乳化液;当接触热、光或不利的天气条件时不易分解;不损害被消毒的材料;价格低廉,运输方便。

3.影响消毒灭菌效果的因素

影响消毒灭菌效果的因素很多,在应用消毒灭菌方法时应加以考虑。

(1)微生物的种类、生活状态与数量。

不同种类的微生物对各种消毒灭菌方法的敏感性不同。例如,细菌繁殖体、真菌在湿热 80 ℃,5～10 min 可被杀死,而乙型肝炎病毒 85 ℃ 作用 60 min 才能被杀灭。芽孢对理化因素的耐受力远大于繁殖体,炭疽杆菌繁殖体在 80 ℃ 只能耐受 2～3 min,但其芽孢在湿热 120 ℃ 10 min 才能被杀灭。生长成熟的微生物抵抗力强于未成熟的微生物。当物品上微生物的数量较多时,要将其完全杀灭需要作用更长时间或用更高的消毒剂浓度。

(2)消毒灭菌的方法、强度及作用时间。

不同的消毒灭菌方法,对微生物的作用也有差异。例如,干燥痰液中的结核分枝杆菌经 70% 乙醇的溶液处理 30 s 即死亡,而在 0.1% 新洁尔灭中可长时间存活。同一种消毒灭菌方法,不同的强度可产生不同的效果。例如,甲型肝炎病毒在 56 ℃ 湿热 30 min 仍可存活,但在煮沸后 1 min 即失去传染性;大多数消毒剂在高浓度时起杀菌作用,低浓度时则只有抑菌作用,但醇类例外。70%～75% 的乙醇消毒效果最好。同一种消毒灭菌方法,在一定条件下作用的时间越长,效果也越强。

(3)被消毒物品的性状。

在消毒灭菌时,被处理物品的性质可影响灭菌效果。例如,煮沸消毒金属制品,15 min 即可达到消毒效果,而处理衣物则需 30 min;微波消毒水及含水量高的物品效果良好,但照射金属则不易达到消毒目的。物品的体积过大、包装过严,都会妨碍其内部的消毒。物品的表面状况对消毒灭菌效果也有影响。例如,环氧乙烷 880 mg/L、30 ℃ 作用 3 h 可完全杀灭布片上的细菌芽孢;但对玻璃上的细菌芽孢,同样条件处理 4 h 也不能达到灭菌目的。

(4)消毒环境。

混在有机物中的微生物对理化消毒灭菌的方法具有很强的抵抗力。例如,杀灭牛血清中的细菌繁殖体所需过氧乙酸的浓度比杀灭无牛血清保护的细菌繁殖体高 5～15 倍。因此,在日常生活中,对皮肤进行消毒时应该清洗干净。

消毒灭菌的效果受作用环境中温度、湿度及 pH 的影响。在进行热力灭菌时，随温度的上升，微生物的活动速度将会加快；紫外线光源在 40 ℃时辐射的紫外线杀菌力最强；温度的升高也可提高消毒剂的消毒效果，如 2%戊二醛杀灭每毫升含 104 个的炭疽杆菌芽孢，20 ℃时需 15 min，40 ℃时需 2 min，56 ℃时仅需 1 min。用紫外线消毒空气时，空气的相对湿度低于 60%效果较好，相对湿度过高，空气中的小水滴增多，可阻挡紫外线。用气体消毒剂处理小件物品时，30%～50%的相对湿度较为适宜；处理大件物品时，则以 60%～80%的相对湿度为宜。pH 对消毒剂的消毒效果影响明显。醛类、季铵盐类表面活性剂在碱性环境中杀灭微生物效果较好，酚类和次氯酸盐类则在酸性条件下杀灭微生物的作用较强。

第三节　微生物生长的测定

微生物学研究中常常要进行微生物生长量的测定，通常测定的是群体生长的量，而不是只测单个细胞的生长。目前测定微生物群体生长的方法有很多，主要有以下几种。

一、对微生物细胞数的测定

(一)计数器测数法

1.血球计数板法。

原理：血球计数板是一种在特定平面上划有格子的特制载片，其上有计数室，计数室的面积为 1 mm²，划分为 25 个中格，每个中格又分为 16 个小格，计数室的深度为 0.1 mm。计数室的体积为 0.1 mm×1 mm²＝0.1 mm³，如图 3－12 所示。

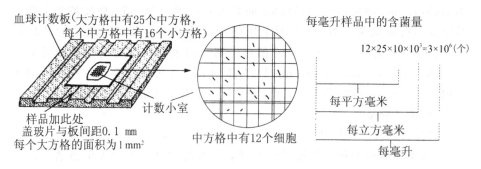

图 3－12　血球计数板法

方法：在计数室滴加适当浓度的菌悬液，盖上特制盖玻片，利用毛细作用让菌液充满计数区。计数时使用油镜,数 5 个中格的菌体总数,计算每个小格的平均菌数,再换算成每毫升样品所含的菌数。

菌液的含菌数/mL＝每小格平均菌数×400×10 000×稀释倍数

5 个中格的取格方法有两种:①取计数板对角线上的 5 个中格;②取计数板 4 个角上的 4 个中格和计数板正中央的 1 个中格。对横跨位于方格边线上的细胞,在计数时,只计一个方格 4 条边中的 2 条边线上的细胞,而另两条边线上的细胞则不计;取边的原则是每个方格均取上边线与右边线或下边线与左边线。特点:简便、直接、快速、准确,但测定结果是微生物的总数,包括死亡的个体和存活的个体。若想测定活菌个数,需在菌悬液中加入少量美蓝以区分死活细胞。

适用范围:此种方法适用于较大的微生物种类,由于网格的原因,如果较小的微生物,不容易沉降,所以不适合较小微生物的使用。

2.细菌计数板法

细菌计数板与血球计数板结构类似,但区别是有格子的计数平面和盖玻片之间的空隙高度只有 0.02 mm。因此使用细菌计数板法得出的结果会有误差。具体的计算方程式如下:

菌液的含菌数/mL＝每小格的平均菌数×400×50 000×稀释倍数

(二)稀释培养测数法

稀释培养计数又称最大或然数计数。这种方法适用于污水、牛奶和其他具有特殊微生物菌落的物质。

特点:①使用这种方法结果比较有误差,仅提供参考;②这种方法只适合于特殊生理类群的测定。

原理:稀释培养测数法是将待测样品进行一系列的稀释,直到稀释少量的稀释液(大约 1 mL)接种到新鲜的培养基中,进行生长和繁殖。根据没有生长的最低稀释度与出现生长的最高稀释度,采用"最大或然数"理论,可以计算出样品单位体积中细菌数的近似值。

具体方法:①菌液要经过多次的稀释;②在每个稀释度取几次菌液,重复接种到适宜环境的培养基中;③培养后,将有菌液生长的最后 3 个稀释度(即临界级数)中出现细菌生长的管数作为数量指标,由最大或然数表查出近似值,再乘以数量指标第一位数的稀释倍数,即为原菌液中的含菌数。

(三)比浊法

原理:这种方法在一定的范围内,菌悬液的细胞浓度和光密度成正比例关系,也就是说细胞数量越多,光密度就会越大。因此,主要借助光密度来计算细胞的浓度。将未知细胞数的悬液与已知细胞数的菌悬液相比,求出未知菌悬液所含的细胞数。具体如图 3－13 所示。

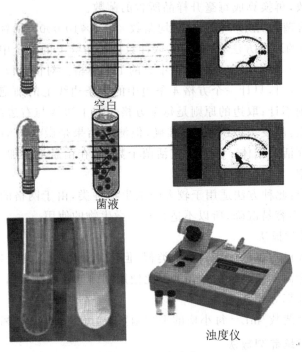

空白

菌液

浊度仪

图 3－13　比浊法

特点:这种方法操作简便、快捷,但也容易受到干扰,使用时具有一定的局限性。由于是个分光光密度成正比例关系,所以菌悬液的颜色不宜太深,不能和其他的物质混合在一起,否则得出的结果偏差将会更大。

适用范围:只能测定比较浓的菌液,通过吸光度值大概估算菌悬液中的菌量,并不是非常准确。

(四)电子计数器计数法

方法:在计数器中放有电解质及两个电极,将电极一端放入带微孔的小管,通电抽真空,使含有菌体的电解质从小孔进入管内。当细胞通过小孔时,电阻增大,电阻增大会引起脉冲变化,则每个细胞通过时均被记录下来。因样品的体积已知,故可以计算菌体的浓度,同时菌体的大小与电阻的大小成正比,如图 3－14 所示。

特点:该法测定结果较准确,但它只识别颗粒大小,而不能区分是否为细菌。要求菌悬液中不含任何碎片,对链状和丝状菌无效。

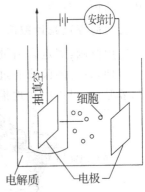

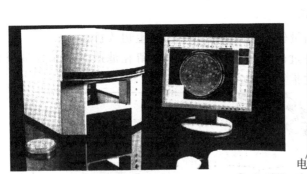

图 3—14　电子计数器法

(五)活细胞计数法

常用的有平板菌落计数法,是根据每个活的细菌能长出一个菌落的原理设计的。

方法:取一定体积的稀释菌液与合适的固体培养基在其凝固前均匀混合,或涂布于已凝固的固体培养基平板上。在最适条件下培养后,从平板上(内)出现的菌落数乘以菌液的稀释度,即可计算出原菌液的含菌数,如图3—15所示。

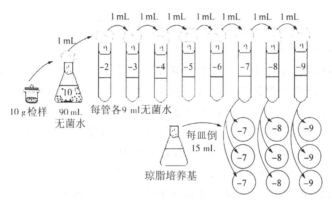

图 3—15　活细胞计数法

使用活细胞计数法需要注意的事项有:

(1)一般选取菌落数在 30～300 之间的平板进行计数,过多或过少均不准确。

(2)为了防止菌落蔓延,影响计数,可在培养基中加入 0.001% 的氯化三苯基四氮唑。

(3)本法限用于形成菌落的微生物。

适用范围:广泛应用于水、牛奶、食物、药品等各种材料的细菌检验,是最常用的活菌计数法。

(六)薄膜过滤计数法

适用范围:测定含菌量较少的空气和水中的微生物数目。

原理:将待测菌液通过薄膜开始过滤,再将阻留在滤膜上的菌体取下放入培养基中,可以间接地推算出所含有的菌数,如图3—16所示。

图3—16　薄膜过滤计数法

(七)涂片染色法

应用:可同时计数不同微生物的菌数,适用于土壤、牛奶中细菌的计数。

方法:用计数板附带的 0.01 mL 吸管,吸取定量稀释的细菌悬液,放置刻有 1 cm² 面积的玻片上,使菌液均匀地涂布在 1 cm² 面积上,固定后染色,在显微镜下任意选择几个乃至十几个视野来计算细胞数量。用镜台测微尺计算出视野面积,根据计算出的视野面积核算出每 1 cm² 中的菌数,然后按 1 cm² 面积上的菌液量和稀释度,计算每毫升原液中的含菌数。

原菌的含菌数/mL＝(视野中的平均菌数×涂布面积/视野面积)×100×稀释倍数

二、微生物细胞量的测定

(一)干重法

干重可用离心法或过滤法测定,一般干重为湿重的 10%～20%。

离心法:将待测菌液放入无菌并且干燥的离心管中,再次进行干燥,干燥温度可达 105 ℃或红外线烘干,也可以在低温(40 ℃以上,80 ℃以下)真空环境下进行干燥,然后再称重量。

过滤法:丝状真菌用滤纸过滤,细菌用醋酸纤维膜等进行过滤。过滤后,细胞可用少量水洗涤。然后在 40 ℃下真空干燥,称干重。例如,大肠杆菌一个细胞一般重约 $10^{-12} \sim 10^{-13}$ g 液体培养物中细胞浓度达到 2×10^9 个/mL 时,100 mL 培养物可得 10~90 mg 干重的细胞。

适用范围:干重法适合丝状微生物的测定,此种方法一般是在实验室里进行的,在生活中实践较少。

特点:干重法要求菌体的浓度要高,样品中不能有混合菌体干扰,优点是这种方法简单直接,得出的结果可靠。

(二)体积测定法

方法:将一定体积的细胞悬浮液装入毛细沉淀管内或有刻度的离心管中设置离心机离心参数(时间和转速)离心,离心后,倒出上清液,测出上清液的体积,根据上清液体积求出沉淀体积,通过所得的沉淀体积推算出细胞的含量。

细胞的含量=沉淀体积/细胞悬浮体积

=(细胞悬浮液体积—上清液体积)/细胞悬浮液体积

特点:该法快速、简便,培养液中如有其他同体颗粒,则误差较大。

(三)生理指标法

与生长量相平行的生理指标很多,它们均可用作生长测定的相对值。

1.微生物量氮测定法

微生物量氮的测定法,主要是根据微生物细胞中的蛋白质而测定的,蛋白质含量很稳定,而氮是蛋白质的主要成分,所以通过测定氮的含量,再根据特殊的计算方程式,可以推算出微生物的浓度。大多数细菌的含氮量为干重的 12.5%,酵母菌为 7.5%,霉菌为 6.0%。总氮量与细胞粗蛋白的含量(因其中包括了杂环氮和氧化型氮)的关系可用下式计算:

粗蛋白总量=含氮量×6.25

微生物含氮量的测定方法有很多,常用凯氏定氮法。

凯氏定氮法原理:样品中的含氮有机化合物在加速剂的参与下,经浓硫酸消煮分解,有机氮转化为铵态氮,碱化后把氨蒸馏出来,用硼酸吸收,标准酸滴定,求出全氮含量。

适用范围:这种方法操作比较繁琐,使用范围较小,只适用于浓度较高的干细胞,此方法主要用于科学研究,所以对结果要求精确。

2.微生物量碳测定法

微生物在新陈代谢的过程中,会消耗一定量的物质能量,这也是微生物的生长量。在前文所述,微生物在对数期生长最为旺盛,受外部的环境因素要小,消耗的物质能量要多,在消耗的同时,微生物还会积累很多产物。将少量的微生物材料混入 1 mL 水或无机缓冲液中,用 2 mL 2% 重铬酸钾溶液在 100 ℃下加热 30 min,冷却后,加水稀释至 5 mL,在 580 nm 波长下测定光密度值(用试剂做空白对照,并用标准样品做标准曲线),即可推算出生长量。

3.代谢活动法

从细胞代谢产物来估算,在有氧发酵中,CO_2 是细胞代谢的产物,它与微生物生长密切相关。在全自动发酵罐中大多采用红外线气体分析仪来测定发酵产生的 CO_2 量,进而估算出微生物的生长量。

4.DNA 测定法

这种方法使用的原理是荧光反应。也就是利用 DNA 与 DABA－2HCl〔即新配制的 20%(质量分数)的 3,5－二氨基苯甲酸－盐酸溶液〕结合可以显示出特有的荧光,来测定培养基中的菌悬液的荧光反应强度的大小,就可以得出 DNA 的含量,从而可以间接计算出微生物细胞的含量。

5.其他测定法

通过测定微生物磷、RNA、N－乙酰胞壁酸等的含量以及对氧的吸收、发酵糖产酸量或 CO_2 的释放量,均可用来作为生长指标。进行测定时,作为生长指标的生理活动不应受外界其他因素的影响或干扰,以减少测定误差,获得准确的结果。

(四)菌丝长度测定法

顾名思义,这种方法只适用于丝状真菌生长的测定,使用方便的同时,不易受到污染。

方法:将真菌接种在特定的培养基中,定时测定菌落的直径和面积,直到菌落覆盖整个平皿为止。

缺点:这种方法不能直接测定真菌丝纵向生长的长度,更不能计算出菌落的厚度和培养基的菌丝长度。对于接种量的多少,也会影响最后的结果,所以这种方法不能直接反映出菌丝的总数量的多少。

第四章 微生物与食品生产

微生物与人类生活关系密切相关,它既可以给人类带来负面作用,也可以造福于人类。我国对微生物的利用最早就是在食品方面,从几千年前就已经开始此类应用。人们在长期实践中积累了丰富的经验,在食品发酵工业中,可利用微生物制造出许多食品。不同的微生物生产的食品见表4—1。

表4—1 不同的微生物生产的食品

产品	微生物	主要原料
黄酒	青霉、毛霉、根霉、酵母	糯米、黍米、粳米
葡萄酒	酵母	葡萄
白酒	根霉、曲霉、毛霉、酵母、乳酸菌、醋酸菌	高粱、米、玉米、薯、豆
啤酒	酿酒酵母	大麦、酒花
豆腐乳	毛霉、曲霉、根霉	大豆、冷榨豆粕
酱油	曲霉、酵母、乳酸菌	小麦、蚕豆、薯、米
干酪	乳链球菌、曲霉	干酪素
酸奶	乳酸菌	牛奶、羊奶
食醋	醋酸杆菌、曲霉、酵母	米、麦、薯等
泡菜	乳酸菌、明串珠菌	蔬菜、瓜果
面包	酿酒酵母	小麦粉
味精	谷氨酸棒杆菌	糖蜜、淀粉、葡萄糖、玉米浆
肌苷酸	短杆菌、谷氨酸棒杆菌	淀粉、豆饼、酵母粉、无机盐
食用真菌	双孢蘑菇	畜粪、秸秆、菜籽饼
	香菇	木材、木屑、甘蔗渣
	木耳	木材、棉籽壳、木屑
	银耳	木材、棉籽壳、木屑
	平菇	棉籽壳、稻草、玉米芯

第一节　食品工业中常用的细菌及其应用

一、酿醋过程中使用的细菌

食醋酿造的原料是淀粉质物质，经过一系列发酵和后熟陈酿而制成的一种酸性调味品。

(一)生产原料

通常食醋酿造的原料为淀粉质原料，只要含有淀粉、糖类、乙醇等成分的物质都可以用作食醋酿造的原料。目前食醋生产主要使用的原料有甘薯、马铃薯、玉米、高粱、碎米、谷糠、葡萄、苹果、胡萝卜、白酒等。

(二)醋酸细菌

醋酸细菌可以对酒精发生氧化作用，产物为醋酸。根据对氧气的需求来分，醋酸细菌属于好氧菌一类，进行正常发酵时的必需条件是氧气充足。醋酸细菌还可以具体分为醋酸杆菌属和葡萄糖氧化杆菌属，两者之间存在较明显的差异。

①生存温度不同。醋酸杆菌属可以在较高的温度（39 ℃）下发育，而葡萄糖氧化杆菌属的发育温度只有 8 ℃。

②发挥作用不同。醋酸杆菌属的主要作用是将酒精氧化为醋酸，并将醋酸进一步氧化成二氧化碳和水；葡萄糖氧化杆菌属主要作用于葡萄糖，将其氧化为葡萄糖酸。

(三)食醋酿制

1.固态发酵法

固态法制醋的工艺有很多种，制作过程大概分为两部分首先是乙醇发酵阶段，在乙醇发酵阶段主要采用大曲酒工艺、小曲酒工艺、麸曲酒工艺、液体乙醇发酵工艺等；然后是乙酸发酵阶段，在该阶段通常采用固态发酵工艺。一般固态法生产食醋具有出醋率高、生产成本低、周期短等优点。

固态发酵法的工艺流程如下所示：

甘薯干(或碎米、高粱等)→粉碎→混合→润水→蒸料→冷却接种→入缸糖化发酵→拌糠接种→乙酸发酵→翻醅→加盐后熟→套淋熏醋→贮存陈醋→配兑→灭菌→包装→成品

在混合阶段会加入麸皮、谷糠等；冷却接种阶段会加入麸曲、酒母；拌糠阶段会加入产乙酸菌。

2.液态发酵法

液态法制醋的工艺流程如下所示：

淀粉质原料→粉碎→液化→糖化→醋酸发酵→杀菌→过滤→调配→成品

液态发酵法过程中没有拌入米糠的步骤,可以减少劳动力,提高劳动生产率。由于醋酸菌是好氧性细菌,所以发酵过程中的通风必不可少。

(四)涉及的生物化学变化

在食醋生产过程中会发生化学反应和一些生物作用,经过这些复杂的化学反应,食醋的主体成分会渐渐形成,这些反应与食醋的色、香、味、体的形成有着密切的联系。

1.糖化作用

淀粉质原料经过润水、蒸煮糊化之后,使得酶可以更好地对底物发挥作用,但是酵母菌不能分泌水解淀粉的酶,所以需要在曲的帮助下完成淀粉向酵母菌可利用的糖的转化。

2.酒精发酵

酒精发酵是在无氧环境下,酵母菌分泌一系列酶,将可发酵性糖转化为酒精和二氧化碳,然后将产物通过细胞膜排出体外的过程。

在酒精发酵过程中,大约只有 5.2% 的葡萄糖被用来完成酵母菌的生长繁殖活动,其余 94.8% 的葡萄糖都被用来转化为酒精和二氧化碳。伴随着这些过程产生的副产物有甘油、有机酸等。

3.醋酸发酵

醋酸发酵是继酒精发酵之后,酒精在醋酸菌氧化酶的作用下生成醋酸的过程。主要反应过程如下:

$$CH_3CH_2OH + NAD \xrightarrow{\text{乙醇酸氢酶}} CH_3CHO + NADH_2$$

$$CH_3CHO + NAD + H_2O \xrightarrow{\text{乙醇脱氢酶}} CH_3COOH + NADH_2$$

某些特性的木醋杆菌,在利用糖生成醋酸的同时,还有乳酸的生成。其过程如图 4-1 所示。

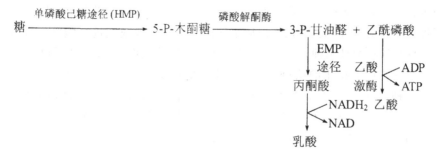

图 4-1 醋酸发酵过程示意图

4.陈酿过程

食醋的色、香、味、体都会在陈酿过程中发生变化,具体变化为:食醋的色泽更加浓重,香气变得更加浓郁,食醋的口感变得更好,醋的形态变得更加匀稠。食醋在经过陈酿阶段之后,提高了食醋中酯类的含量,使得食醋具有独特的风味。

二、乳制品制作过程中的细菌

发酵乳制品是指利用良好的原料乳,杀菌后接种特定的微生物进行发酵,产生具有特殊风味的食品。通常乳制品的风味比较独特,营养价值也较高,并且还具有一定的保健功能。

目前使用最多的乳制品发酵细菌是乳酸菌,现存乳制品的品种有很多。乳酸菌一词并非生物分类学名词,它是一个统称,该菌可以使可发酵性的碳水化合物转化成乳酸,在自然界中广泛分布,它们不但栖息在人和各种动物的肠道及其他器官中,而且在植物表面和根际、动物饲料、有机肥料、土壤、江、河、湖、海中大量存在。发酵乳制品生产的菌种主要有干酪乳杆菌、嗜热链球菌、乳酸乳杆菌、嗜酸乳杆菌、植物乳杆菌、乳酸乳球菌、保加利亚乳杆菌等。近年来,随着对双歧乳酸杆菌在营养保健方面作用的认识,人们将其引入酸奶生产,作为发酵乳制品生产使用的发酵剂,使传统的单株发酵变为两种或两种以上菌种配合共生发酵。

常用的乳酸菌细菌主要有:嗜热链球菌、保加利亚乳杆菌、嗜酸乳杆菌、双歧杆菌等。

(一)酸乳

酸乳是一种发酵乳饮料,它的原料是新鲜的牛乳,发酵菌种是乳酸菌。酸乳有三种类型,一是凝固型,二是搅拌型,三是饮料型,它们是依据发酵方式来分类的。

菌种的选择影响着发酵剂的质量情况,对菌种进行选择时应该对生产目的进行考虑,还要考虑产品的主要技术特性。选择发酵剂菌种时,我们要考虑菌种的产香能力、产酸能力、蛋白质水解能力等。一般我们进行酸乳发酵时,我们至少会选择两种菌种,它们之间可以相互产生共生作用,使用效果更好。

根据生产上使用的菌种不同,酸乳的生产工艺略有差异,但都有共同之处。一种是共同发酵法,使用的菌种是双歧杆菌、保加利亚乳杆菌和嗜热链球菌。另一种是共生发酵法,使用的是双歧杆菌和酵母菌,将它们在脱脂牛奶中同时培养,酵母菌是兼性厌氧菌,它的生长繁殖作用会使得培养基处于缺氧环境,满足双歧杆菌进行生长繁殖和产酸代谢的环境要求。

1.共同发酵法生产工艺

双歧杆菌的产酸能力较低,需要较长的凝乳时间,使用单一的双歧杆菌进行酸乳发酵的最终产品口味较差,因此我们通常会选择一些辅助菌种与双歧杆菌共同发酵。辅助菌种的选择是有要求的,首先不可以影响双歧杆菌的正常生长繁殖和发酵作用,然后还要有较强的产酸能力。通常选择的辅助菌种有嗜热链球菌、保加利亚乳杆菌、嗜酸乳杆菌等。

使用两种或两种以上菌种共同发酵可以提高产酸能力,可以缩短生长周期和凝乳时间,可以保证结晶中含有足量的双歧杆菌,还可以改善产品的口感和风味。

共同发酵法双歧杆菌酸奶的生产工艺流程如图4-2所示。

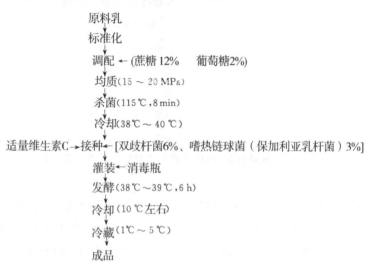

原料乳
↓
标准化
↓
调配 ← (蔗糖12% 葡萄糖2%)
↓
均质(15～20 MPa)
↓
杀菌(115℃,8 min)
↓
冷却(38℃～40℃)
↓
适量维生素C→接种← [双歧杆菌6%、嗜热链球菌(保加利亚乳杆菌)3%]
↓
灌装←消毒瓶
↓
发酵(38℃～39℃,6 h)
↓
冷却(10℃左右)
↓
冷藏(1℃～5℃)
↓
成品

图4-2 共同发酵法双歧杆菌酸奶的生产工艺流程

2.共生发酵法生产工艺

双歧杆菌、酵母菌共生发酵乳的生产工艺要求为:共生发酵法常用的菌种搭配为双歧杆菌和用于马奶酒制造的乳酸酵母,接种量分别为6%和3%。在调配发酵培养用原料乳时,用适量脱脂乳粉加入到新鲜脱脂乳中,以强化乳中固形物含量(固形物含量≥9.5%),并加入10%的蔗糖和2%的葡萄糖,接种时还可加入适量维生素C,有利于双歧杆菌生长。酵母菌的最适生长温度为26℃～28℃。为了有利于酵母先发酵,为双歧杆菌生长营造一个适宜的厌氧环境,因而接种后,首先在温度26℃～28℃下培养,以促进酵母的大量繁殖和基质乳中氧的消耗,然后将温度提高到30℃左右,以促进双歧杆菌的生长。由于采用了共生混合的发酵方式,双歧杆菌生长迟缓的状况大为改观,总体产酸能力提高,加快了凝乳速度,所得产品酸甜适中,富有纯正的乳酸口味和淡淡的酵母香气。

双歧杆菌、酵母菌共生发酵乳的生产工艺流程如图4-3所示。

原料乳
↓
标准化(≥9.5%)
↓
(蔗糖10%＋葡萄糖2%)→调配
↓
均质(15～20 MPa)
↓
杀菌(115 ℃,8 min)
↓
冷却(26 ℃～28 ℃)
↓
两歧双歧杆菌6%→接种←乳酸酵母3%
↓
发酵(26 ℃～28 ℃,2 h)
↓
升温(37 ℃)
↓
发酵(37 ℃,5 h)
↓
冷却(10 ℃左右)
↓
灌装
↓
冷藏(1 ℃～5 ℃)
↓
成品

图 4-3　双歧杆菌、酵母菌共生发酵乳的生产工艺流程

(二)干酪

干酪的主要成分是蛋白质和脂肪,在世界上的消费量较高,是仅次于酒的一种发酵产品。使用不同的生产工艺生产干酪,生产出的产品也不尽相同。有的是在风味上有所不同,有的是在颜色上有所不同,有的是在质地上有所不同,等等。

一般工艺流程为:原料乳检验→净化→标准化调制→杀菌→冷却→添加发酵剂、色素、氯化钙和凝乳酶→静置凝乳→凝块切割→搅拌→加热升温、排出乳清→压榨成型→盐渍→生干酪→发酵成熟→上色挂蜡→成熟干酪。

通常情况下,乳酸菌是生产干酪的首选菌种,某些情况下也会选择丙酸菌和霉菌。我们所使用的乳酸菌发酵剂不是单一菌种的发酵剂,一般都是几种菌混合的发酵剂。乳酸菌发酵剂可以分为两类,分类依据是菌种生长温度的不同。一类是乳酸链球菌、乳脂链球菌等适温型乳酸菌;另一类是嗜热型乳酸菌,包括嗜热链球菌、乳酸乳杆菌、干酪乳杆菌、短杆菌、嗜酸乳杆菌等。适温型乳酸菌的作用对象是乳糖和柠檬酸,它可以将前者转化为乳酸,后者转化为双乙酰;嗜热型乳酸菌具有分解蛋白质和脂肪的作用。

三、细菌在氨基酸发酵中的应用

在氨基酸发酵中应用较多的细菌是谷氨酸菌,常用于味精的制作。谷氨

酸菌主要包括短杆菌属、棒状菌属、节杆菌属及大肠杆菌等。我国应用最多的是短杆菌和棒状菌。

(一)谷氨酸的制备

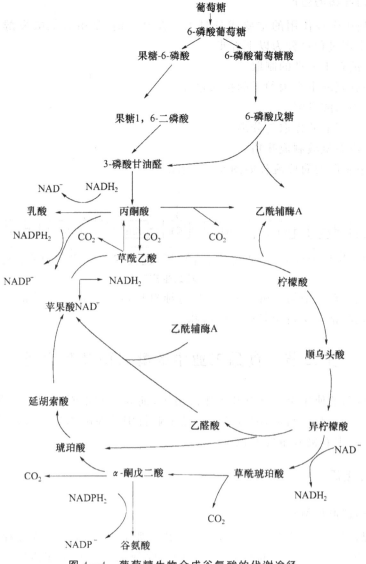

图4—4 葡萄糖生物合成谷氨酸的代谢途径

谷氨酸的发酵过程中有很多因素可以影响到谷氨酸的产量,影响因素有供氧量、生物素含量、发酵温度、氨浓度等,其中影响较大的两个因素是供氧量和生物含量。当供氧量太大时,菌体大量繁殖,但是谷氨酸的积累量较少;

当氧气不足时,菌体生长不好。因此,在谷氨酸的制备过程中,只有适量供氧,才能使谷氨酸的产量达到最大。

微生物制备谷氨酸的流程如图4-4所示。

(二)味精的生产

味精中发挥作用的主要成分是L-谷氨酸钠,是由谷氨酸发酵而成的。味精的生产过程可分为以下五步:

(1)淀粉水解糖的制取。

(2)谷氨酸生产菌种子的扩大培养。

(3)谷氨酸发酵。

(4)谷氨酸的提取与分离。

(5)由谷氨酸制成味精。

味精制取的简要流程如图4-5所示。

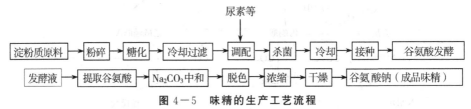

图4-5 味精的生产工艺流程

谷氨酸在水中的溶解度较低,其与纯碱反应的产物谷氨酸钠易溶于水,并且谷氨酸钠还保持了谷氨酸的鲜味。

第二节 食品工业中的酵母菌及其应用

酵母菌的使用至今已有几千年的历史,期间人们不断使用酵母菌生产美味的食品和饮料。目前,酵母菌在食品工业特别是在酿酒生产应用中发挥了重大作用,占有极其重要的地位。

一、酿酒

(一)白酒的酿造

食品酿造过程中会经历乙醇发酵,其主要表现在酒类酿造过程中,酒类酿造中的一大类是白酒的酿造。白酒酿造时使用的原料是淀粉质原料,包括高粱、玉米、小麦等,所经程序有蒸煮、糖化发酵、蒸馏等。

白酒的酿造有悠久的历史,技术已经非常精湛,酿造出的白酒的种类也有很多,各类白酒都具有独特的风味。白酒的酿造过程中使用的发酵剂有多种,不同的白酒使用的发酵工艺也不同,据此可将其分为液态白酒、麸曲白酒、大曲酒以及小曲酒。液态发酵和传统的固态发酵是我国目前使用最多的白酒酿造工艺,传统的固态发酵是我国知名白酒的发展方向。

1.大曲酒

(1)大曲工艺流程。

小麦、豌豆→润料→磨碎→拌曲料(加曲母、水)→踩曲→曲胚→堆积培养→成品曲→贮存

(2)大曲微生物。

大曲发酵使用的原料是纯小麦或者由小麦、大麦、豌豆所组成的混合物,大曲是原料自然发酵产生的。发酵过程中所使用的菌种为霉菌、细菌和酵母菌。

2.小曲酒

(1)小曲生产工艺流程(以桂林酒曲丸生产工艺为例)。

　　　水　　　　　香草药　曲母
　　　↓　　　　　↓　　　↓
大米→浸泡 →粉碎 → 配料 → 接种 → 制胚 → 裹粉 → 入曲房 → 培曲 → 出曲 → 干燥 → 废品

(2)小曲微生物。

小曲又称药曲,小曲曲胚块较小,是用米粉、米糠和中草药接入隔年陈曲经自然发酵制成的。近年来有不少厂家已采用纯种根霉代替传统小曲。但是小曲的地位是不可取代的,很多名酒的酿造还是使用的小曲。小曲中加入中药,可以促进小曲中的有益微生物生长繁殖,同时还可以抑制其他杂菌的生长。

小曲中的所有微生物中,占主导地位的是根霉、毛霉和酵母等,占次要地位的是乳酸菌类、杂菌等,如芽孢杆菌、青霉、黄曲霉等。从各种小曲中分离得到的根霉菌株的性能各异,糖化力、乙醇发酵力和蛋白质分解力等性能依种类不同而不同有些根霉能产生有机酸。例如,米根霉能产生乳酸,黑根霉能产生延胡索酸和琥珀酸;有些种类则能产生芳香的酯类物质。

3.固态发酵法

(1)生产工艺流程。

原料粉碎→配料→蒸煮→加曲、加酒母拌匀→入池发酵→蒸馏→勾兑、陈酿→白酒

(2)白酒酿造微生物。

中国传统白酒生产,窖是基础,操作是关键。随着白酒微生物的深入研究,认识到老窖泥中栖息着以细菌为主的多种微生物。它们以酒醅为营养来源,以窖泥和香樟为活动场所,经过缓慢的生化作用,产生出以己酸乙酯为主体的香气成分。大量的实践证明,老窖泥中主要有己酸菌、丁酸菌等细菌类

微生物及酵母和少量的放线菌等。

4.液态发酵法

液态法白酒的生产工艺与现代乙醇的生产工艺基本相同,即将原料蒸煮后,加麸曲或淀粉酶制剂糖化,将糖化后的糖化醪加入酒母发酵,经蒸馏得到食用乙醇后,再进行固液勾兑或串香后制得成品酒。一步法工艺则于乙醇发酵的后期加入乙酸菌共发酵,再经蒸馏制得成品酒。液态法白酒的生产具有机械化程度高、劳动生产率高、淀粉出酒率高、对原料适应性强、不用辅料等优点。但液态法白酒的风味差,是妨碍液态法白酒进一步发展的主要障碍。

(二)啤酒的酿造

啤酒的酿造过程中,使用的主要原料是优质大麦和水,辅助原料有大米、酒花等。这些原料和辅料经过一系列的流程之后会产生含有 CO_2、低酒精浓度和多种营养成分的酒。

啤酒酿造的工艺流程如图 4—6 所示。

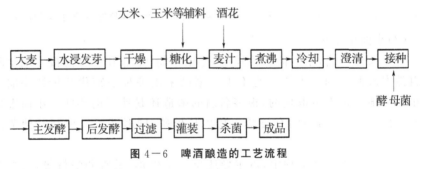

图 4—6　啤酒酿造的工艺流程

(三)葡萄酒

葡萄酒的原料是新鲜葡萄或葡萄汁,发酵用的微生物为酵母菌。葡萄的品种和选用的酒母都会影响到葡萄酒的质量,因此在葡萄酒生产过程中,我们要注意选择葡萄的品种和酵母菌种。

1.原料

葡萄是葡萄酒的原料。进行葡萄酒酿造时,所选的葡萄应该具有酸度适中、含糖量高、果汁多的特点。因为栽培的葡萄具有产量高、品质好等特点,所以酿酒时多选择此类葡萄。我国的栽培葡萄品种有龙眼、玫瑰香、牛奶葡萄等,此外还有从国外引进的品种,如雷司令、黑比诺、佳丽酿等。

2.酵母

优良葡萄酒酵母具有以下特性:酵母可以产生果香和酒香;酵母可以对葡萄中的糖分完全发酵;对 SO_2 的抵抗能力较强;具有较高发酵能力,一般可使酒精含量达到 16% 以上;有较好的凝集力和较快沉降速度;能在低温

(15 ℃左右)或果酒适宜温度下发酵,以保持果香和新鲜清爽的口味。

3.生产工艺

葡萄酒的生产工艺总体可以分为三个过程:原酒的发酵工艺、储藏管理工艺、灌装生产工艺。下面给出红葡萄酒的生产工艺流程(图4—7)。

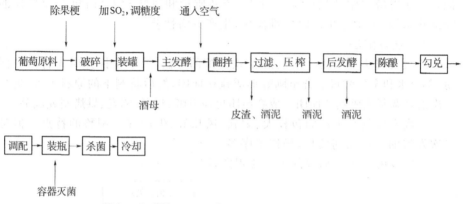

图4—7 红葡萄酒酿造的工艺流程

二、面包

面包酵母是一种单细胞真核微生物,含蛋白质50%左右,富含氨基酸和B族维生素。面包酵母是面包生产过程中最重要的微生物发酵剂和生物疏松剂,可以对面团中的营养物质进行发酵,产生二氧化碳和醇类等香味成分,提高面团的营养价值和人体营养吸收利用率等。

(一)发酵机理

面包的主要原料是面粉,辅料有食糖、鸡蛋、果仁、食用油、食用香料等。面包的质地比较松软,营养丰富,易被消化吸收。

面粉中70%~80%都是淀粉,还有少部分的单糖和蔗糖。面粉中含有β—淀粉酶,它可以将淀粉转化为麦芽糖,麦芽糖可以被酵母菌利用。酵母菌在面粉中生长时首先利用的是单糖和蔗糖,然后再利用淀粉转化后的麦芽糖。酵母菌可以将蔗糖和麦芽糖分解为单糖,然后再利用这些单糖进行有氧呼吸和厌氧发酵,有氧呼吸用来完成菌体自身的生长繁殖,厌氧发酵用来产生 CO_2、乙醇等物质。CO_2 的存在使得面团变胖变大,对面团进行烘烤时,CO_2 因会受热膨胀逸出,从而形成了面包质地松软的海绵状结构。

(二)生产工艺

根据发酵工艺的不同,面包生产分为一次发酵法、二次发酵法及新工艺快速发酵法。我国的面包生产中使用一次发酵法和二次发酵法。

1.一次发酵法

一次发酵法是将配方中的所有的原料及辅料按投料顺序一次性的调制面团,在适当温度下经一次发酵即进炉烘烤。

一次发酵具有发酵时间短、所需设备和劳动力少、生产周期短的优点。但是一次发酵法中使用的酵母量大,产品质量和风味较差,面包有较粗糙的蜂窝状结构,大批量生产时较难操作,生产灵活性差。

2.二次发酵法

二次发酵法是采用2次搅拌、2次发酵的方法,第一次搅拌时先将部分面粉、部分水和全部酵母混合至刚好形成疏松面团,然后将剩下的原料加入,进行二次混合调制成成熟的面团。成熟面团再经发酵、整形、醒发、烘烤制成成品。

二次发酵具有生产面包较大、柔软、风味好、生产容易调整的特点。但是二次发酵的生产周期较长,操作工序多。

二次发酵法生产面包的工艺流程图,图4-8所示。

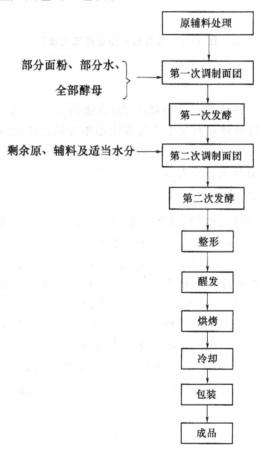

图4-8　二次发酵法生产面包的工艺流程

第三节　食品工业中的霉菌及其应用

霉菌在自然界中分布广泛,是人类利用最多的微生物类群,绝大多数霉菌能把加工原料中的淀粉、糖类等碳水化合物、蛋白质等含氮化合物及其他种类的化合物进行转化。例如,在食品工业中可使用霉菌生产酱油、豆腐乳、柠檬酸等物质。

一、酱油

酱油的生产原料主要含有淀粉和蛋白质,发酵过程中主要利用的微生物是霉菌。中国酱油多以大豆、脱脂大豆等为蛋白质原料,以小麦等为淀粉质原料。

(一)酿造原理

酱油的酿造过程中会有很多微生物参与,其中部分微生物可以分泌蛋白酶,将蛋白质原料分解为多肽和氨基酸,这些多肽和氨基酸是酱油的主要营养成分,酱油香味的来源也正是这些多肽和氨基酸。部分氨基酸的进一步反应形成酱油的香气和颜色。因此,蛋白质原料与酱油的色、香、味、体的形成有重要关系,是酱油生产的主要原料。进行酱油发酵时选择的蛋白质原料一般为大豆或脱脂大豆。

(二)酿造中的微生物

酱油酿造时并不是完全封闭的环境,而是一个半开放的环境,环境中的各种微生物都有可能参与到酱油的发酵过程中。但是在酱油的特定工艺流程下,只有人工接种或适合酱油生态环境的微生物才能生长繁殖并发挥其作用。酱油发酵过程中主要是米曲霉和酱油曲霉等霉菌发挥作用。

①米曲霉。米曲霉可以分泌蛋白酶、淀粉酶、谷氨酰胺酶等,它们可影响到酱油的品质和原料的利用率。

②酱油曲霉。与米曲霉相比,酱油曲霉的碱性蛋白酶活力较强。

③酵母菌。酵母菌中的鲁氏酵母和球拟酵母对酱油的风味和香气的形成起重要的作用。

④乳酸菌。适量的乳酸菌是构成酱油风味的因素之一。

(三)生产工艺

酱油的生产工艺大致可以分为原料蒸煮、制曲、酱醪发酵、浸出淋油、调配、杀菌等程序。其工艺流程如图4-9所示。

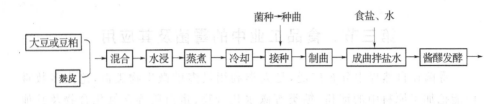

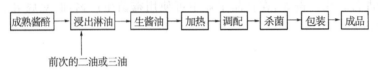

图 4-9　酱油的生产工艺流程

二、腐乳

腐乳生产时用到的主要原料是大豆,辅料是酒曲、红曲、香辛料等,参与腐乳发酵的微生物主要是毛霉、根霉等霉菌。豆腐乳具有风味独特、滋味鲜美、组织细腻柔滑、营养丰富等特点。

(一)酿造原理

进行腐乳酿造时,首先要将原料大豆洗净、浸泡、磨浆、煮沸,然后添加适量的凝固剂,除去水分制成豆腐,然后将豆腐切成小方块,接种微生物进行前期发酵,然后经过腌制、配料、装坛后发酵即成。

(二)酿造中的微生物

我国酿造腐乳的微生物大多是霉菌,如毛霉属、根霉属等,大多数腐乳都是由毛霉菌酿造而成的。

①五通桥毛霉。该菌种是我国目前推广应用的优良菌株之一,最适生长温度为 10 ℃～25 ℃。

②腐乳毛霉。该菌种的最适生长温度为 29 ℃。

③根霉。根霉生长温度较高,炎热的夏季并不影响其生长繁殖,而且生长速度快,因此利用根霉酿造腐乳,不仅不会因为季节而影响腐乳的生产,而且还会缩短发酵周期。

④细菌和酵母菌。它们都具有产蛋白酶的能力,某些代谢产物在豆腐乳的特色风味形成过程中起作用。

(三)工艺流程

豆腐乳的制作流程如下:

豆腐坯→接种毛霉菌液前发酵→搓毛腌坯(加食盐)→配制辅料→装坛→后发酵→腐乳成品

三、有机酸

目前用发酵方法生产用量较大的有机酸有柠檬酸、乳酸、苹果酸等。这些有机酸大约有 75% 用于食品中，15% 用于医药中。

(一)柠檬酸

利用发酵法生产的有机酸中，柠檬酸占有重要的地位，柠檬酸的主要作用是作为酸味剂添加到饮料、果汁等食品中，也可以作为调味剂加到糖浆、片剂等医药中。

柠檬酸的生产原料包括淀粉质原料、糖质原料和正烷烃类原料。柠檬酸的发酵菌种主要是曲霉，其中黑曲霉和文氏曲霉是发酵生产柠檬酸的优良菌种。

柠檬酸的生产工艺流程如图 4-10 所示。

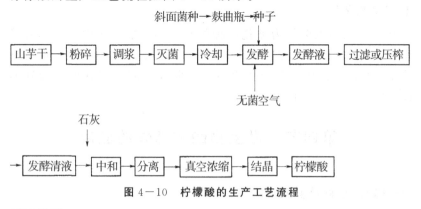

图 4-10　柠檬酸的生产工艺流程

(二)乳酸

乳酸是世界上公认的三大有机酸之一，在许多发酵食品中被广泛应用，如酸菜、泡菜、酸奶、酱菜等。

进行乳酸发酵的原料主要是是葡萄糖、乳糖、蔗糖、玉米粉等，辅料是麦芽根、米糠、玉米浆等。

乳酸的生产工艺流程如下：

淀粉质原料→蒸煮→淀粉糊(加辅料)→糖化(加麦芽或糖化曲)→糖化醪→过滤→灭菌→冷却至发酵温度→接入种母→保温发酵(加碳酸钙)→发酵醪→提取→精制→乳酸钙→酸解→浓缩→乳酸

四、淀粉糖化

糖化是指淀粉在糖化剂(曲或酶)的作用下转化为可发酵性糖即葡萄糖

和麦芽糖的过程，霉菌的糖化是通过其产生的淀粉酶进行的。通常情况是先进行霉菌培养制曲。淀粉原料经过蒸煮糊化加入种曲，在一定温度下培养，曲中霉菌产生的各种酶起作用，将淀粉分解成糖等水解产物。

(一)糖化原理

糖质原料只需使用含酵母等微生物的发酵剂便可进行发酵，由于酵母本身不含糖化酶，不能直接利用淀粉，所以含淀粉质的原料还需将淀粉糊化，使之变为糊精、低聚糖和可发酵性糖。糖化剂中不仅含有能分解淀粉的酶类，而且含有一些能分解原料中脂肪、蛋白质、果胶等的其他酶类。曲和麦芽是酿酒常用的糖化剂。麦芽是大麦浸泡后发芽而成的制品，西方酿酒的糖化剂常用麦芽；曲是由谷类、麸皮等培养霉菌、乳酸菌等组成的制品。一些不是利用人工分离选育的微生物而是自然培养的大曲和小曲等，往往具有糖化剂和发酵剂的双重功能。

(二)糖化菌种

在生产中利用霉菌作为糖化菌种的有很多。根霉属中常用的有日本根霉、米根霉、华根霉等；曲霉属中常用的有黑曲霉、宇佐美曲霉、米曲霉和泡盛曲霉等；毛霉属中常用的有鲁氏毛霉。红曲属中的一些种也是较好的糖化剂，如紫红曲霉、安氏红曲霉等。

第四节　微生物酶和菌体的应用

一、微生物酶及其应用

就微生物酶而言，目前已经发现的酶有 2500 多种，但是在食品工业中用到的酶制剂主要有 10 多种，包括淀粉酶、纤维素酶、蛋白酶、果胶酶、葡萄糖氧化酶等。食品工业中常用酶的来源及其在食品工业中的应用，如表 4－2 所示。

表 4－2　微生物酶在食品工业中的应用

食品工业	用途	酶	来源
食品分析	糖的测定 糖源的测定 尿酸的测定	葡萄糖氧化酶 半乳糖氧化酶 葡萄糖淀粉酶 尿酸氧化酶	真菌 真菌 真菌 真菌、动物
面包和谷类加工	面包制造	淀粉酶 蛋白酶	真菌、细菌、麦芽 真菌、细菌
啤酒工业	糖化 防止浑浊	淀粉酶 葡萄糖淀粉酶 蛋白酶	麦芽、真菌、细菌 真菌 真菌、细菌
充二氧化碳气饮料	除去氧气	葡萄糖氧化酶	真菌
粮食加工工业	儿童食品 早餐食品	淀粉酶 淀粉酶	麦芽、真菌、细菌 麦芽、真菌、细菌
咖啡工业	咖啡豆发酵 咖啡浓缩物	果胶酶 果胶酶、半纤维素酶	真菌 真菌
糖果工业	软心糖果和软糖	蔗糖酶	酵母
乳制品工业	干酪制造 牛奶灭菌 改变奶脂肪产生香味 牛奶蛋白质浓缩物 浓缩牛奶的稳定 全奶浓缩物 冰淇淋和冰冻甜食 奶粉的除氧	凝乳蛋白酶 过氧化氢酶 脂肪酶 蛋白酶 蛋白酶 乳糖酶 乳糖酶 葡萄糖氧化酶	真菌、动物 细菌、真菌 真菌 细菌、真菌 真菌 酵母 酵母 真菌
蒸馏酒精饮料工业	糖化	淀粉酶 葡萄糖淀粉酶	真菌、细菌 真菌
蛋粉工业	除去葡萄糖 蛋黄酱除氧	葡萄糖氧化酶、过氧化氢酶 葡萄糖氧化酶	真菌 真菌

续表

食品工业	用途	酶	来源
调味品工业	淀粉的水解、澄清 氧气的去除	淀粉酶 葡萄糖氧化酶	真菌 真菌
风味增强剂	各种核苷酸的制备	核糖核酸酶	真菌
水果和果汁加工	澄清,过滤浓缩 低甲氧基果胶的制造 果胶中淀粉的去除 氧气的去除 橘子的脱苦	果胶酶 果胶甲酯酶 淀粉酶 葡萄糖氧化酶 柚苷酶	真菌 真菌 真菌 真菌 真菌
肉类、鱼类加工	皮的软化 脱毛 肉类嫩化 肠衣嫩化 浓缩鱼肉膏	蛋白酶 蛋白酶 蛋白酶 蛋白酶 蛋白酶	细菌、真菌 细菌、真菌 真菌、细菌 真菌、细菌 细菌
淀粉和糖浆	玉米糖浆 葡萄糖的生产	淀粉酶、糊精酶 葡萄糖异构酶 葡萄糖淀粉酶、淀粉酶	真菌 真菌、细菌 细菌、真菌
蔬菜加工	菜泥和羹汤的液化	淀粉酶	真菌
葡萄酒	压榨,澄清,过滤	果胶酶	真菌

二、菌体及其应用

(一)单细胞蛋白

单细胞蛋白简称 SCP,是菌体蛋白质,是利用各种营养基质大规模培养单细胞的微生物所获得的。

单细胞蛋白的生产原料有淀粉质原料、糖质原料以及工、农、林业的废液、废渣和废料。目前生产 SCP 的主要原料是粗粮淀粉、废渣、废液(含糖或淀粉、含纤维素)等,它们具有高产、地质、价廉等优点。目前用于生产 SCP 的单细胞微生物有细菌、酵母菌、霉菌和单细胞藻类等。

优良的 SCP 必须符合无毒、蛋白质含量高、必需氨基酸含量丰富、核酸含量低、容易消化吸收、适口性好、制造容易、价格低廉等基本要求。

以蜜糖为原料的液体深层通气培养为例,生产 SCP 的工艺流程如下:

蜜糖→水解(加硫酸、水)→中和(石灰乳)→澄清→流加糖液(配入硫酸

铵、尿素、磷酸、碱水)→发酵(酒母、通入空气)→分离(去废液)→洗涤(加水)→压榨→压条→沸腾干燥→活性干酵母

(二)食用菌

食用菌可供人类食用或医用,是一类大型真菌,主要包括蘑菇、银耳、香菇、木耳、灵芝、茯苓等。

目前食用菌生产采用子实体固体栽培和菌丝体液体发酵两类。前者适用于农村、城镇的大面积栽培,后者为工厂在人工控制条件下的发酵罐液体深层培养。

发酵罐液体培养生产食用菌的工艺流程如下:

保藏菌株→斜面菌种→摇瓶种子→种子罐→繁殖罐→发酵罐→过滤→菌丝体和过滤清液→提取(抽提、浓缩、透析、离心、沉淀、干燥)→深加工成为产品

第五节　微生物发酵中杂菌污染及其防治

基本上所有的发酵过程都要求在无菌的环境下进行纯种培养。发酵染菌是指在发酵过程中混入了除生产所需菌之外的其他菌种,使得发酵过程不再是纯种培养。

从国内外目前的报道看,现有的科学技术条件还做不到安全不染菌。为了尽量减少杂菌污染,我们必须提高生产技术水平,制订更加严格的生产管理制度。若出现了杂菌污染,我们要尽快找到发生污染的原因,控制污染源头,将损失降到最低。

一、发酵异常现象及原因分析

(一)种子培养的异常现象

当种子培养过程出现异常时,通常的结果是培养出的种子质量不合格。发酵结果在很大程度上受到种子质量的影响,但是目前种子内在的质量问题往往得不到重视。因为对种子进行培养时所需的时间太短,此期间记录的数据比较少,可以被用来研究的数据就更少了,所以一直以来对种子异常原因的调查都没有很好的结果,从而导致发酵异常的原因也很难确定。

1.菌体生长缓慢

菌体数量增长缓慢的原因有多种,包括种子培养基原料的质量不好,培养过程中的供养不足,培养过程使用的菌体老化,培养时的温度过高或过低,灭菌不彻底,酸性过强或碱性过强,等等。除了上述原因之外,接种数量过低

也会导致菌体数量减少,对菌种的冷藏时间过长也会使得菌体数量减少,或者是接种物本身质量较差时也会使菌体数量增长缓慢。生产中,培养基灭菌后需取样进行酸碱度测试,以此来判断培养基的灭菌情况。

2.菌丝结团

菌丝团的形成环境是液体培养基,菌丝团是繁殖的丝状菌没有分散而聚集在一起形成的团装物质。一个孢子可以形成一个菌丝团,多个菌丝体也可以形成一个菌丝团。

菌丝结团时会有白色的小颗粒出现,从培养液的外观即可观察到。菌丝结成团之后会有一些不利影响,比如影响内部菌丝的呼吸情况,导致内部菌丝不能很好地吸收营养物质。如果种子液中存在菌丝团,但是菌丝团的数量不多时,进入发酵罐后,在良好的条件下,菌丝团会逐渐消失,对发酵结果的影响不会太大,如果种子液中的菌丝团数量过多,这种情况下,往往种子液在发酵罐中会形成更多的菌丝团,就会对发酵产生非常大的影响。

导致菌丝结团的原因有很多,包括氧气不足、霉菌效果差、接种物种龄短、原料差等。

3.代谢不正常

代谢不正常通常表现为氨基酸浓度不正常、糖浓度偏高或偏低、代谢产物浓度异常等。很多原因都可以导致代谢不正常,比如培养基质量较差、培养环境条件差、接种物质量差、杂菌污染等。

(二)发酵的异常现象

发酵异常现象主要表现出菌体生长速度缓慢、pH值出现异常、发酵液的颜色不正常、菌体提前老化、发酵周期变长等。

1.菌体生长差

由于种子质量差或种子低温放置时间长导致菌体数量较少、停滞期延长、发酵液内菌体数量增长缓慢、外形不整齐、种子质量不好、菌种的发酵性能差、环境条件差、培养基质量不好、接种量太少等均会引起糖、氮的消耗少或间歇停滞,出现糖、氮代谢缓慢现象。

2.pH值过高或过低

pH值出现异常的原因有许多,包括发酵时使用的培养基原料比较差、发酵过程中加入太多的糖或油、发酵前的灭菌处理不完善等。pH值变化是所有代谢反应的综合反映,在发酵的各个时期都有一定的规律,pH值的异常就意味着发酵的异常。

3.溶解氧水平异常

各种发酵工艺中的溶解氧要求是不同的同种发酵工艺中的不同阶段也有不同的溶解氧要求,可以说是各有各的标准。如果发酵出现发酵染菌的现象,那么发酵过程中的溶解氧水平就会出现不符合规律的变化。

4.菌体浓度过高或过低

各个发酵过程中的菌丝浓度是有其固有规律的,如果发酵罐的温度过高、罐中氧气不足、灭菌不当等,都会使得菌体浓度出现异常变化,不符合原有的变化规律。

二、杂菌污染的途径和防治

从技术上分析,杂菌污染的途径为:种子出现问题;培养基的配制和灭菌不彻底;没有对设备进行彻底除菌;设备操作不规范;空气中带有杂菌。出现杂菌污染的情况时,要做的是检测杂菌的来源,对各种可能来源进行取样调查。

(一)带菌及其防治

在发酵前期所出现的杂菌污染情况大多数都是由种子带菌引起的,也就是说发酵过程的顺利与否很大程度上取决于种子带菌与否。因此,我们要重视对种子带菌的检查,加大防治力度。

导致种子带菌的因素有很多,包括种子的保藏的斜面带有杂菌、对培养基的灭菌不彻底、操作中所使用的器皿灭菌不彻底、设备带菌等。为了应对这些问题,我们需要采取如下措施:

(1)严格控制无菌室的污染。建立无菌室,并使用不同的方法对无菌室进行灭菌处理,灭菌手段有紫外线灭菌、石炭酸灭菌、制霉菌素灭菌、过氧化氢、高锰酸钾等。

(2)对制备种子时所使用到的器皿进行全面灭菌处理,包括使用到的斜面、锥形瓶等。

(3)对培养基进行全面彻底的灭菌处理,灭菌锅使用前锅内不可以存在空气,使用灭菌锅时,要注意灭菌温度。

(二)操作失误导致染菌及其防治

1.灭菌操作不当

(1)培养基的灭菌。

对种子培养基、发酵培养基以及所补加的物料进行灭菌,由于灭菌温度、时间的控制达不到灭菌要求,使物料"夹生";有些进气、排气的阀门没有按要求打开通达蒸汽,造成"死角";灭菌操作不紧凑,培养基冷却过程保压不及时,使外界空气进入培养基。

(2)设备的灭菌。

包括过滤器和过滤介质的灭菌、培养基连消设备、贮料罐、种子罐、发酵管等的空消。对这些设备进行灭菌时,如果灭菌温度、时间达不到要求,或者灭菌后没有及时保压,都会导致发酵染菌。

(3)管路的灭菌。

所有无菌要求的管道,如葡萄糖流加管道、消泡剂流加管道等,输送料液前必须进行充分灭菌。

2.菌种移接操作不当

如一级种子接入种子罐时,离开火焰操作或种子罐处于无压状态等失误都会导致外界空气污染培养基及种子。

3.培养过程操作不当

如在培养、发酵过程中,因突然断电使空气压缩机停止进气,没有及时关闭种子罐、发酵罐的进气、出气阀门,使管压跌为零压或罐内液体倒流入过滤器内;没有及时控制泡沫,引起逃液;补料后,管道处于无压状态并残留物料,使罐体阀门关闭不紧密等。

(三)设备渗漏或"死角"造成的染菌及其防治

设备渗漏包括很多方面,如发酵罐等容器被化学物品腐蚀、设备与原料直接接触的磨损、设备制作粗糙等。"死角"是指因为人为或机器的原因造成灭菌不彻底的部位。

1.盘管的渗漏

盘管是一种蛇形金属管,在发酵过程中的作用是冷却或加热,是最容易发生渗漏的部件之一。在蛇形管的内外是冷却水和灭菌温度两种环境,它们之间具有温差,会使金属管受损;若发酵液的 pH 较低,也会使金属管受损。金属管受损,发生渗漏之后会使得发酵液受到杂菌污染,为了减少这类污染的发生,我们要定期对设备进行检查,对设备清洗时要仔细。

2.空气分布管的"死角"

空气分布管是位于搅拌桨附近的一个部件,是很容易被磨蚀穿孔的部件。分布管的磨蚀主要是受空气的流速影响,进口处空气流速过大,离进口处的距离越远,空气流速越小,这样就会导致空气分布管的磨蚀,造成"死角"。为了减少这种情况的发生,一般采用的方法是经常更换空气分布管。

3.发酵罐体的渗漏和"死角"

发酵罐体易发生局部化学腐蚀或磨蚀,产生穿孔渗漏。罐内的部件如挡板、扶梯、搅拌轴拉杆、联轴器、冷却管等及其支撑件、温度计套管焊接处等的周围容易积集污垢,形成"死角"而染菌。采取罐内壁涂刷防腐涂料、加强清洗并定期铲除污垢等是有效消除染菌的措施。

发酵罐的制作工艺比较粗糙,钢板与钢板之间存在缝隙,灭菌时需要很高的温度,此时的钢板就会鼓起,发酵液进入两层钢板之间,形成灭菌时的

"死角",造成杂菌污染。为了改善这一问题,我们可以使用不锈钢或者复合钢替代普通钢板。

发酵罐的"死角"还有很多,如排气管接口、发酵灌入孔、进料管口等,这些地方都可以形成"死角",引起杂菌污染。为了避免这种情况的发生,我们通常采取的措施是进行彻底的灭菌,对各种接在发酵罐上的管子进行清洗。

4.管件的渗漏易造成染菌

实际上管件的渗漏主要是指阀门的渗漏,目前生产上使用的阀门不能完全满足发酵工程的工艺要求,是造成发酵染菌的主要原因之一。采用加工精度高、材料好的阀门可减少此类染菌的发生。

第五章　微生物与食品的腐败变质

微生物具有分布广、种类多、繁殖快、代谢力强、营养谱宽等特点，使得食品的污染与变质难以避免。微生物污染食品后，可引起食品腐败、变质，甚至引起食源性疾病。本章主要介绍微生物引起食品变质的原因、微生物引起的各类食品变质、食品变质带来的危害以及利用控制微生物保藏食品的原理等方面内容。

食品变质是指食品受到外界有害因素的污染后，造成其化学性质或物理性质发生变化，使食品的营养价值或商品价值降低或失去。食品变质可由微生物污染、昆虫和寄生虫污染、动植物食品内酶的作用、化学反应或化学污染以及物理因素污染等方面引起。在由微生物污染引起的食品变质中，通常把由微生物引起蛋白质类食品发生的变质，称为腐败变质。

第一节　食品的微生物污染及其控制

微生物属于自然界种类最多、分布最广的生物之一。微生物与食品有着密切联系，通常情况下，无处不在的微生物经常会污染食品，是导致食品腐败的主要因素。根据世界卫生组织的估计，全球每年发生的食源性疾病有数十亿人。在我国，微生物污染造成食品腐败变质的数量也非常惊人。因此，减少微生物对食品的污染和做好食品的保藏工作，对我们所有人来说都是在节约粮食。

人们利用微生物制造了种类繁多、营养丰富、风味独特的食品。在食品的生产和加工中有非常多的微生物便会参与其中的某些环节，甚至有些微生物本身就是人类的食品种类之一，所以微生物和食物的相互接触可以说非常频繁。除此之外，很多食品添加剂通过微生物进行工业化生产。因此，食品与微生物的关系越来越密切。

一、微生物与食品腐败

人体的生理机能需要通过摄取食品来为自身提供生命活动所需的能量和必要的营养物质。但是人体所进食的食品经常会受到来自环境中或是自身的各种因素的相互作用，导致食品在营养、色泽和味道等方面发生量变，甚至发生质变，使的食品质量降低，甚至不能食用，这就是食品腐败。

食品腐败在生活中是非常常见的,其主要原因便是来自于微生物的污染。食品是保证人类进行正常生命活动的必要物质,但是微生物却无处不在,这也是导致食品大量和快速腐败的重要原因之一。

食品生产过程中,其原材料的采购、运输以及加工等过程都会受到环境中微生物的污染,而微生物的污染是否会造成食品的加速腐败变质主要与食品基质、微生物的种类和数量以及食品所处的环境条件污染三个重要因素密切相关,并且三者之间又是相互作用、相互影响的。

二、食品腐败变质的控制

食品的腐败变质,不仅会损害食品的可食性,而且严重时还会引起食品中毒,产生食品安全问题。因此,控制食品的腐败变质,对保证食品的安全和质量具有十分重要的意义。食品的防腐保藏技术一直是食品科技工作者研究的热点之一。在食品的防腐保藏中采用了各种各样的技术,包括物理的、化学的、生物的等,如采用干燥和脱水保藏、低温保藏、气调保藏和生物保藏等。

(一)食品的干燥和脱水保藏

食品的干燥和脱水保藏是古代劳动人民的智慧结晶,到目前为止,使用干燥和脱水的方法来进行食物保藏已经使用了好几百年,其原理主要是通过减少和降低食品中所含水分的水分活度,使微生物不能生长,限制酶的活性,从而防止食品腐败变质。

(二)食品的气调保藏

食品的气调保藏主要是通过将食品密封于一个阻气性材料充斥的环境当中,从而降低食品保存环境中微生物生长繁殖的速度和微生物的生化活性,减少微生物的数量和降低其对食品的污染速率,以此达到减少微生物污染、降低食品腐败速率、延长食品可食用期限的目的。

(三)食品的低温保藏

低温对食品的保藏作用是基于在冰点温度时微生物的活性会降低,在冰点以下的温度,微生物的代谢活动基本停止的原理。食品的低温保藏分为冷冻和冷藏两种方式,冷冻保藏需要将食品降温到冰点温度以下,使食品中所含水分呈现出部分或者全部冻结状态,这也是动物性食品进行延期保藏的常用方法;冷藏则没有冻结过程,只是单纯进行食品的低温保存,瓜果蔬菜的延期保鲜多用冷藏方法进行存储。

1.冷冻保藏

食品的冷冻有两种基本方式:速冻和缓冻。速冻就是将食品温度在30 min内降低到−20 ℃以下。可以采用将食品直接或间接浸没在冷媒中,也可以采用鼓风技术将冷空气吹到食品上使其冷冻。缓冻是指在 3～72 h 内将食品温度降低到预期温度的过程。一般冷冻保藏温度为−18 ℃,在这样的温度下,食品细胞内所含的游离水会以冰晶体的形态存在,微生物失去可利用的水分,同时渗透压的提高,会导致食品细胞内的细胞质黏性增大,使食品的 pH 和胶体状态发生改变,从而抑制微生物的生长过程和生命活动,甚至造成微生物无法存活。

食品的低温保藏可以防止或减缓食品的变质,在一定的期限内,可较好地保持食品的品质,是一种最常用的食品保藏方法。低温保藏法保藏的食品,营养和质地能够得到较好的保持。但是进行低温保藏的食品也有一定保质期,因为低温下仍有很多微生物可以进行缓慢生长,最终导致食品腐败变质。

2.冷藏

在食品的低温冷藏中常采用 2 个不同的温度范围。寒冷温度(chilling temperature)介于通常电冰箱的温度(5 ℃～7 ℃)与环境温度之间,一般为 10 ℃～15 ℃。一些蔬菜和水果适合在该温度范围内保藏,比如黄瓜、马铃薯、酸橙等。冰箱温度(refrigerator temperature)是指温度范围在 0 ℃～7 ℃,理想的冷藏温度是不高于 4.4 ℃。

(四)生物保藏

生物保藏是指将某些具有抑菌或杀菌活性的天然物质配制成适当浓度的溶液,通过浸渍、喷淋或涂抹等方式应用于食品中,进而达到防腐保鲜的效果。生物保藏的一般机理包括抑制或杀灭食品中的微生物、隔离食品与空气的接触、延缓氧化作用、调节贮藏环境的气体组成以及相对湿度等。

生物保藏具有安全、简便等显著优点,其应用范围不断扩大,已经成为人们关注的热点。其中,具有较好应用前景的主要有涂膜保鲜技术、生物保鲜剂保鲜技术、抗冻蛋白保鲜技术和冰核细菌保鲜技术等。

1.涂膜保鲜技术

涂膜保鲜技术是在食品表面人工涂上一层特殊的薄膜使食品保鲜的方法。该薄膜具有以下特性:能够减少食品水分的蒸发;能够适当调节食品表面的其他交换作用,调控蔬菜等食品的呼吸作用;具有一定的抑菌性,能够抑制或杀灭腐败微生物;能够在一定程度上减轻表皮的机械损伤。涂膜保鲜法简便,成本低廉,材料易得,但目前只能作为短期贮藏的方法。根据成膜材料的种类不同,可将涂膜分为多糖类、蛋白质类、脂质类和复合膜类。目前糖类涂膜应用最广泛。成膜材料包括壳聚糖、纤维素、淀粉、褐藻酸钠及其衍生物。用于涂膜制剂的蛋白质有小麦面筋蛋白、大豆分离蛋白、玉米醇溶蛋白、酪蛋白、胶原蛋白和明胶等。脂质类包括蜡类和各种油类。

2.生物保鲜剂保鲜技术

生物保鲜剂也称天然保鲜剂,直接来源于生物体自身组成成分或其代谢产物,不仅具有良好的抑菌作用,而且一般都可被生物降解,具有无味、无毒、安全等特点。常见的生物保鲜剂可依据其来源分为植物生物保鲜剂、动物源性生物保鲜剂以及微生物源生物保鲜剂。多酚类物质是一类广泛存在于各种植物中的、具有较好抗菌活性的生物保鲜剂,其中有关茶多酚的研究最多且最具有应用前景。目前,数种动物源性生物保鲜剂如鱼精蛋白、溶菌酶等已获得了商业性应用,成为天然生物保鲜剂的重要组成部分。乳酸链球菌素(nisin)是目前研究和应用较多的微生物源生物保鲜剂。

3.抗冻蛋白保鲜技术

抗冻蛋白(Antifreeze Protein,AFP)是一类能抑制冰晶生长,能以非依数形式降低水溶液的冰点,但不影响其熔点的特殊蛋白质。自从20世纪60年代从极地鱼的血清中提取出抗冻蛋白后,研究对象也逐渐从鱼扩大到耐寒植物、昆虫、真菌和细菌。虽然得到了多种抗冻蛋白,但其降低冰点的幅度有限,与常用的可食用抗冻剂相比效果不显著,且自然生产量很小。因此,难以大规模应用于食品中。目前,抗冻蛋白可能应用在果蔬等食品的运输和贮藏中、肉类食品冷藏中和冷冻乳制品中。

4.冰核细菌保鲜技术

冰核细菌是一类广泛附生于植物表面尤其是叶表面,能够在$-5\ ℃\sim$ $-2\ ℃$范围内诱发植物结冰发生霜冻的微生物,简称INA细菌,是Maki在1974年首次从赤杨树叶中分离得到的。迄今为止,已发现4属23种或变种的细菌具有冰核活性;已发现的INA细菌以丁香假单胞菌最多,其次是草生欧文菌。此外,荧光假单胞菌、斯氏欧文菌、菠萝欧文菌也具有冰核活性。我国已发现3属17种或变种的冰核细菌。

冰核细菌能够在$-5\ ℃\sim-2\ ℃$下形成规则、细腻、异质冰晶。因此,将一定浓度的冰核菌液喷于待冷冻的食品上,可在$-5\ ℃\sim-2\ ℃$下贮藏。一方面可以提高冻结的温度,缩短冻结时间,节约能源,另一方面可避免过冷现象造成的冷冻食品风味与营养成分损失过多,最大限度地保持食品原料中的芳香组分,改善冷冻食品的质地。

(五)食品腐败变质的多种控制方法

随着科学技术的快速发展,进行食品腐败变质的控制方法也越来越多,除去我们日常生活中可以见到的食品低温保藏技术、食品的气调保藏技术和生物保藏技术以外,越来越多行之有效的食品腐败变质控制技术被发明和应用。

1.加热杀菌保藏

高温可以杀死或破坏微生物,因此可以利用高温来保藏食品。为了防止食品的快速腐败变质,常用的加热杀菌保藏方法有以下几种:

（1）巴氏消毒法。

（2）加压杀菌。

（3）超高温瞬时杀菌。

（4）微波杀菌。

（5）远红外线加热杀菌。

（6）欧姆杀菌。

在加热杀菌进行食品保藏的方式中,常用的温度范围可分为两种,分别是巴氏杀菌和灭菌。巴氏杀菌采用的温度可指杀死所有的致病菌时的温度,也可以指减少某些食品中腐败菌的数量的温度。巴氏灭菌温度则足以有效杀灭所有酵母菌、霉菌、革兰氏阴性菌和许多革兰氏阳性菌。

2.高压保藏

一般来说,微生物具有一定的耐压特性。大多数细菌都能够在 20～30 MPa下生长,在高于 40～50 MPa 压力下能够生长的微生物称为耐压微生物。然而,当压力达到 50～200 MPa 时,耐压微生物仅能够存活但不能生长。如果微生物生存环境超过 300 MPa,霉菌、细菌和酵母菌都会被高压杀死,其中一些芽孢耐压性非常强的菌种,需要压力超过 600 MPa 才能被杀死。

高压保藏技术就是将食品物料以某种方式包装后,在高压(100～1000 MPa)下加压处理,高压导致食品中的微生物和酶的活性丧失,从而延长食品的保藏期。

3.高压脉冲电场杀菌

高压脉冲电场杀菌是一种全新的非加热处理杀菌方法,它利用高强度脉冲电场瞬时杀灭食品中的微生物,具有杀菌时间短、效率高、能耗少等特点,应用前景广阔。目前,美国、德国、日本、加拿大等国家纷纷开展这一新杀菌技术的研究。

电场对微生物产生致死作用是脉冲杀菌的基本原理,目前杀菌机制仍不完全清楚,但普遍认可的是细胞膜的电穿孔理论。

脉冲电场对不同的微生物杀灭效果不同,酵母菌比细菌更容易被杀死,革兰氏阴性菌比革兰氏阳性菌更容易被杀死。酿酒酵母对脉冲最为敏感,而溶壁微球菌的抵抗力最强。但对于细菌孢子,即使是更高的指数波和方波脉冲电场,其作用也甚微,只能使处于正在发芽时的孢子失活。

4.磁场杀菌

磁场杀菌又被称为磁力杀菌,磁场杀菌需要将食品放置于一定的脉冲磁场中,通过一定的磁力作用,来实现杀菌的目的。但是进行磁场杀菌必须是在常温常压下,才能将电磁场快速传播的特性充分利用,完成瞬时灭菌。近年来的研究表明,脉冲磁场杀菌在食品行业有着重要的应用价值,是一项有前途的冷杀菌技术。

（1）磁场杀菌的基本原理。

磁场分高频磁场和低频磁场。脉冲磁场强度大于 2 T（特斯拉）的磁场为高频磁场或振荡磁场，具有强杀菌作用。强度不超过 2 T（特斯拉）的磁场为低频磁场，它能够有效地控制微生物的生长、繁殖，使细胞钝化，降低分裂速度甚至使微生物失活。

关于脉冲磁场对微生物的作用机理有多种理论，但归纳起来，其生物效应包括磁场的感应电流效应、洛伦兹效应、振荡效应、电离效应和脉冲磁场作用下微生物的自由基效应等。

（2）磁场杀菌的特点。

脉冲磁场杀菌作为一种物理冷杀菌技术具有以下几方面的优点：

1）杀菌物料温度一般不超过 5 ℃，对物料的组织结构、营养成分、颜色和风味影响小。

2）安全性高。高磁场强度只存在于线圈内部和其附近区域，离线圈稍远，磁场强度明显下降。因此，只要操作者处于适宜的位置，就没有危险。

3）与连续波和恒定磁场相比，脉冲磁场杀菌设备功率消耗低、杀菌时间短，对微生物杀灭力强、效率高。

4）便于控制。磁场的产生和中止迅速。

5）由于脉冲磁场对食品具有较强的穿透能力，能深入食品内部，所以杀菌彻底。

（3）磁场杀菌的应用。

磁场灭菌技术可以用于改进巴氏杀菌食品的品质，并延长其货架期。经磁场保藏的食品包括含有嗜热链球菌的牛乳、含有酿酒酵母的橘汁和含有细菌芽孢的面团。日本三井公司将食品放在磁场强度为 0.6 T 的脉冲磁场中，在常温下处理 48 h，可达到 100% 的灭菌效果。因此，各种果蔬汁饮料、调味品和包装的固体食品都可使用磁场技术进行保藏。

5.玻璃化保藏

玻璃化技术是近十年来受到较高关注的一种新的食品保藏方法。20 世纪 80 年代初美国食品科学家 Levince 和 Slade 提出了以食品玻璃态和玻璃化转变温度为核心的"食品聚合物科学"理论。该理论认为，将食品处于玻璃态下，可以使得食品品质变化的一切受扩散控制的反应速率均十分缓慢，甚至不发生反应。因此，将食品进行玻璃化保藏，可以将食品的色泽、味道甚至是形状和营养成分进行最大限度的延期保藏。

三、食品防腐保鲜理论

随着人们对食品腐败变质防治研究的不断加深,一定程度上更新了人们对于食品保鲜的认识。进行食品腐败变质防治的方式有许多种,但是没有一种方法是完美全面的,食品保鲜措施也是一样,必须进行综合保鲜技术,才能更好地实施食品的防腐败措施和保鲜方法。目前,食品保鲜技术的主要理论依据是栅栏因子理论。

(一)栅栏技术

栅栏因子理论是一套将食品保质期进行系统化与规范化控制的理论。栅栏因子理论认为食品内部必须存在或含有能够阻止其自身所含腐败病菌进行生长繁殖的因子,才能保证食品的可保藏性和质量安全。食品所含防止自身腐败变质病菌进行生长繁殖的因子通过暂时或永久性的来破坏微生物的内在稳定的生存环境的平衡,进而阻止微生物催化导致食品腐败变质进行和有害物质的产生,来保证食品的质量安全,控制食品的保质期,这些因子被称为栅栏因子。栅栏因子及其互作效应决定了食品的微生物稳定性,食品的货架期可通过两个或多个栅栏因子的相互作用而得以保证,即所谓的栅栏效应。栅栏效应是食品保存的有效手段。

在食品的实际生产过程中,可以通过不同栅栏因子的相互作用,进行系统性的科学组合来发挥栅栏因子的协同作用,从不同方面对引起食品腐败变质的微生物进行控制其生长繁殖和产生有害物质,来改善食品的品质和保证食品的质量安全性,这就是栅栏技术进行食品保质期控制的理论依据。

1.栅栏因子

目前研究已确定认可应用的栅栏因子有 40 个以上,这些栅栏因子所发挥的作用已不再仅侧重于控制微生物的稳定性,而是最大限度地考虑改善食品质量,延长其货架期。

常用的栅栏因子有以下几种:

(1)水分活度(Aw)。

降低 Aw 值是控制微生物的第一步。在食品的贮藏过程中,微生物的繁殖速度及微生物群的构成种类取决于 Aw。Aw 的水平对孢子形成、发芽和毒素的产生程度也有直接的影响。除了微生物安全问题,还影响酶的活性、褐变,淀粉降解、油脂氧化、维生素损失、蛋白质变性等。

(2)温度。

高温处理或低温冷藏可以杀灭微生物或抑制微生物的生长。高温处理能杀灭大多数微生物。但随着制冷技术的发展和人民生活水平的提高,冷藏保鲜已成为一种普遍采用和接受的技术,低温冷藏既能最大限度地保存食品中的营养素,又能有效地抑制微生物的生长繁殖。

(3)酸度(pH)。

调节酸度可以防止一些微生物的生长。当 pH 降低时大多数细菌的繁殖速度会减慢,当 pH 低于 5.0 时,绝大多数的微生物被抑制,只有一些特殊的微生物如乳酸菌才可以繁殖。

(4)氧化还原电势(Eh)。

大多数腐败菌均属于好氧菌,食品中含氧量的多少影响着其中残存微生物的生长代谢。因此,可以通过 Eh 值判定食品中氧存在的多少。食品中氧残存多,Eh 值高,对食品的保存不利。反之,Eh 值低,可以抑制需氧微生物的生长,有利于食品的贮藏保鲜。

(5)添加防腐剂。

有机酸的抑菌作用主要是因为其能透过细胞膜,进入细胞内部并发生解离,从而改变细胞内的电荷分布,导致细胞代谢紊乱或死亡。乳酸链球菌肽(nisin)能够杀死或抑制革兰氏阳性菌。特别是 nisin 对食品的主要腐败菌——梭菌和芽孢杆菌有效果,阻止其孢子的萌发。同时添加 nisin 后可大大降低灭菌温度和灭菌时间。此外,香辛料中含有杀菌、抑菌成分,将其组分作为天然防腐剂,既安全又有效。

(6)辐照。

包括紫外线照射、微波处理、放射线辐照等。所有种类的食品均可用 1 MGy 或更小剂量进行辐射来避免食品被微生物和害虫破坏。例如微波杀菌具有快速、节能,以及对食品的品质影响很小的特点。

(7)利用微生物竞争性或拮抗性微生物。

利用乳酸菌等有益微生物来抑制其他有害微生物的生长繁殖。

(8)压力。

包括高压或低压。高压处理保鲜技术将肉类等普通食品经数千个大气压处理后,细菌就会被杀灭,而肉类等食品仍可保持原有的鲜度和风味。

(9)气调。

主要用于食品的气调包装中。二氧化碳能抑制细菌和真菌的生长,特别是细菌繁殖的早期还可抑制食品和微生物细胞中酶的活性,从而达到延长货架期的目的。氧气能防止厌氧微生物引起的食品腐败变质;氮气能起到防止氧化、酸败和霉菌生长的作用。在包装中将这三种气体按适当的比例混合,可有效地延长食品的保藏期。

(10)包装。

真空包装、活性包装、无菌包装、涂膜包装等。包装是隔绝污染的最有效的方法。

(11)物理加工法。

磁振动场、高频无线电、荧光灭活、超声波处理、射频能量、阻抗热处理、高电场脉冲等。

2.栅栏技术的应用

人们将利用栅栏技术进行加工保藏的食品称之为栅栏技术食品(HTF)。在食品生产加工过程和食品保藏方法中栅栏技术已经获得了广泛应用,栅栏技术不仅仅可以被应用于食品的加工生产的保藏,在进行食品加工工艺的改进和新食品开发上也具备一定的指导意义。截至目前,国外已有将栅栏技术成功应用于肉品加工的例子,并且开始在食品包装、食品保藏以及蔬菜果品的相关方面的研究试验。

对每一种食品而言,起主要作用的因子只有几个,并且对不同的食品起主要作用的栅栏因子也不同。所以应根据不同产品特性来把握和设计适合于该食品的关键的栅栏因子,同时还要对主要的栅栏因子进行合理组合。按照 Leistner 博士的观点,在应用栅栏技术(HT)设计食品时,常与危害分析与关键控制点(HACCP)和微生物预报技术(PM)相结合。HT 主要用于设计,HACCP 主要用于加工管理,而 PM 主要用于产品优化。

(二)加强食品企业的卫生管理

食品是为人类生存和相关生命活动提供能量的最重要的物质基础。食品的卫生状况直接关系着人民的身体健康和生命安全。因此,为了保证食品卫生质量,防止食品污染,预防食物中毒和其他食源性疾病,以及对人体的慢性危害,保障人民身体健康,加强食品的卫生管理刻不容缓。同时,进行食品卫生管理和监督工作不仅是相关卫生行政部门的工作,更是食品生产和食品企业工作内容中不可忽视的一个重要环节。

1.加强食品卫生的法制监督管理

食品卫生监督管理是保证食品卫生的重要手段,世界各国都将其纳入国家公共卫生事务管理的职能之中,我国对食品的管理经历了从道德管理、行政管理到法制管理,从食品卫生监督管理到食品安全监督管理的过程,监督管理体制不断完善。

1995 年开始实施的《中华人民共和国食品卫生法》是食品卫生的监督管理的法律依据,该法的实施确立了食品卫生监督为主要形式的食品卫生国家行政管理体制,从而使我国的食品卫生监督管理工作进入了法制管理的阶段。监督和督促食品企业认真贯彻该法,提高我国食品卫生水平必将推动我国食品走向世界,进而促进我国经济的进一步发展。

2.加强食品企业的卫生质量管理

食品企业的卫生管理是食品卫生管理的基础。《食品卫生法》第六章明确了食品生产经营企业及管理部门应该负责本系统的食品卫生工作。食品企业包括食品工业企业、食品商业企业、公共饮食企业和与这些企业有关的食品储存、运输等单位。这些食品企业的卫生条件、卫生状况、卫生管理水平与食品卫生质量有着密切的关系。

食品企业应建立相应的食品卫生管理机构,如品控部或质检部。对本单位的食品卫生工作进行全面的管理。按照工作的先后,食品企业的管理工作还应包括:工厂设计的卫生管理、企业卫生标准的制订和 HACCP 系统的建立、原材料的卫生管理、生产过程的卫生管理、原材料及成品的卫生检验、企业员工个人卫生的管理、成品储存运输和销售的卫生管理以及虫害和鼠害的控制等。

3.加强食品企业生产的卫生质量管理

食品生产过程的卫生管理是食品卫生管理的重要环节。食品生产过程是指一切食品生产(不包括种植业和养殖业)、采集、收购、加工、包装、储存、运输、供应、销售等业务活动的过程。食品生产过程中,不论哪一个环节不符合卫生要求,都会直接影响食品的卫生质量。

为了防范在不卫生的条件下或可能引起污染和品质降低的环境中操作,减少操作错误并建立健全的质量体系,食品企业应建立良好的操作规范(GMP),以确保食品的安全性和产品品质。以卫生控制程序(SCP)和 GMP 作为 HACCP 计划的基础,构建针对具体产品和加工的完整的食品安全计划,加以实施并验证有效性,采取必要的纠正措施,保证食品的安全性。

4.加强进出口食品的卫生管理

进出口食品的卫生问题关系到国家的信誉和消费者的利益。随着我国对外贸易的发展,进出口食品的数量和品种不断增加因卫生质量不符合要求而造成索赔、退货等问题也时有发生。因此,为了维护国家的信誉和保障消费者的健康就必须加强进出口食品的卫生管理。

第二节 微生物引起食品腐败变质的原理

一、食品腐败变质的原因

食品变质是指食品本身的物理性质或化学性质发生变化,使食品失去了本身的营养价值或者造成食品本身商品价值降低的过程。造成食品腐败的原因包括食品受到的多种内外因素的影响和所处环境的不适宜。食品的腐败变质可能是由微生物污染、昆虫和寄生虫污染、动植物食品内酶的作用、化学反应以及物理因素等方面引起的。因为微生物的种类多且分布广,所以微生物污染造成食品的腐败变质是最常见也是最重要的原因之一。

微生物引起食品腐败变质的类型主要包括以下几种：

（1）细菌引起的腐败变质。细菌主要作用于食品中的糖类、脂肪、蛋白质。

（2）霉菌引起的食品霉变。霉菌主要造成食品所含蛋白质和碳水化合物水解和变质，导致食品发生霉变。

（3）食品发酵现象。食品中的糖类的发酵，如酒精发酵、乙酸发酵、乳酸发酵、丁酸发酵等。

综上所述，食品发生腐败变质的实质是食品所含各种营养物质在微生物污染或者自身所含组织酶的作用下发生水解或者产生有害物质的过程。

二、食品腐败的化学过程

食品腐败变质的过程实质上是食品中蛋白质、碳水化合物、脂肪等被微生物的分解代谢作用或自身组织酶进行的某些生化过程。例如，新鲜的肉、鱼类的后熟，粮食、水果的呼吸等可以引起食品成分的分解、食品组织溃破和细胞膜碎裂，为微生物的广泛侵入与作用提供条件，结果导致食品的腐败变质。由于食品成分的分解过程和形成的产物十分复杂，所以建立食品腐败变质的定量检测尚有一定的难度。

1.食品中糖类的分解

食品中的糖类由于微生物发生分解或者变质的化学过程，通常称之为发酵。

食品中常见的糖类由单糖、双糖和糖原、半纤维素、纤维素以及淀粉等组成，这些糖类在微生物的生长繁殖过程中，被各种酶和环境等相关因素共同作用，产生相应的水解和变质。含糖量高的食品发生腐败变质的主要特征表现为食品酸度升高，产生CO_2气体并伴随着变质产物所特有的醇类气味和甜味等。所以测试含糖量较高的食品可以将测试酸度作为检测其是否发生食品腐败的主要指标之一。

2.食品中蛋白质的分解

微生物引起食品所含蛋白质的分解、变质和有害物质的生成，通常称之为腐败。食品腐败主要发生在一些蛋白质含量较高的食物中，如豆制品、鱼、肉和一些蛋类食品等。

3.食品中碳水化合物的分解

食品中的碳水化合物包括纤维素、半纤维素、淀粉、糖原以及双糖和单糖等。含这些成分较多的食品主要是粮食、蔬菜、水果和糖类及其制品。在微生物及动植物组织中的各种酶及其他因素作用下，这些食品的组成成分被分解成单糖、醇、醛、酮、羧酸、二氧化碳和水等低级产物。由微生物引起糖类物质发生的变质,习惯上称为发酵或酵解。

4.食品中脂肪的分解

脂肪的分解和变质主要是化学作用的结果,但是从事食品安全的研究人员经过研究证明表示:脂肪发生分解和腐败变质的相关化学作用与维生物同样有着密切的关系。脂肪发生腐败变质会产生酸和刺激性气味,通常将脂肪的腐败变质称之为酸败。

5.有害物质的形成

食品的腐败变质不仅仅是营养物质的分解和物理、化学性质的改变,也包括食品中有害物质的生成。有害物质的生成不仅仅会影响食品的食用,造成食品浪费,严重时还成会造成食物中毒,直接对人体健康造成严重威胁。食品中有害物质生成的危害主要有以下几种:

(1)产生厌恶感。

(2)降低食品营养。

(3)引起中毒或潜在性危害。

第三节　微生物引起食品腐败变质的环境条件

食品腐败变质的环境条件很多,主要可分为食品内环境因素和食品外环境因素两大类。

一、食品内环境因素

食品内环境因素主要指食品自身固有的因素,如营养成分、pH 值、渗透分压、水活性、氧化还原电位、食品结构以及所含抗微生物成分等,以下主要讨论营养成分、pH 值、渗透压、水分活性四种因素。

(一)营养成分

粮、油、水果、蔬菜、肉、乳、蛋、鱼、虾、调味品、糖果等各类食品中,除含有一定量的水分外,还含有蛋白质(如豆类、肉类、乳类、鱼虾类)、碳水化合物(如木薯淀粉、马铃薯淀粉、玉米淀粉等)、脂肪、无机盐和维生素等营养物质,易受到多种微生物的侵袭,使其降解,强度丧失,质量劣化,导致霉腐变质。同时也常受到致病菌的污染,使其繁殖或者产生毒素,危及人畜的安全。

不同种类的微生物,其营养要求差异较大,有些营养要求全面丰富,较难培养,常感染营养丰富的食品;有些营养要求较粗放,可在大多数食品中生长;而有些微生物营养要求特殊,能较专一地利用某些物质,如纤维素、果胶、胶原蛋白等。因此,并不是所有对食品造成污染的微生物都能够在食品中进行正常的生长繁殖,导致食品的腐败变质。微生物能否在所污染的食品上进行生长,主要取决于食品自身的营养成分。如果食品的营养组成与对其造成污染的微生物菌种有密切相关,则微生物可进行生长。如果微生物对食品造成污染,引起食品的腐败变质并在食品上正常生长,则可根据食品成分组成的特点,推测可能引起变质的主要微生物类群或哪一个属甚至哪一个种。

(二)pH 值

各种食品都存在着一定的氢离子浓度,微生物能否在其中生长,就要看微生物对不同氢离子浓度的适应能力如何;另外由于微生物的生长,使食品的 pH 值会发生改变,从而在食品中生存的微生物类群也会发生变动。

在非酸性的食品中,细菌生长繁殖的可能性最大,而且能够良好地生长,因为绝大多数细菌生长的最适 pH 值在 7 左右,所以多数非酸性食品是适合于多数细菌繁殖的。食品的 pH 值范围越是偏向酸性或碱性,细菌的生长能力越弱,同时可能生长的细菌种类也越少。当食品的 pH 值在 5.5 以下时,腐败细菌已基本上被抑制,但少数嗜酸菌或耐酸菌,如大肠杆菌、乳杆菌、链球菌、醋酸杆菌等仍能继续生长;在非酸性食品中,除细菌外,酵母(生长的 pH 值范围在 2.5～8)和霉菌(生长的 pH 值范围在 1.5～11.0)也都有生长的可能。

在酸性食品中,细菌已受到抑制,能够生长的仅是酵母或霉菌。因为酵母生长最适宜的 pH 值是 4.0～5.8,多数酵母生长最适宜的 pH 值是 4～4.5,霉菌生长最适宜的 pH 值是 3.8～6.0。因此,食品的酸度不同,引起食品变质的微生物类群也呈现出一定的特殊性。

微生物在食品中生长繁殖,必然会引起其 pH 值的改变。pH 值的变化是由食品的成分和微生物的种类等条件所决定的。由于微生物的作用,使食品的 pH 值上升或下降至超越微生物活动所能适应的 pH 值范围时,微生物就停止生长,但某些特殊微生物可能会再度感染,引起新的变化。

(三)渗透压

绝大多数微生物能在低渗透压的食品中生长,在高渗透压的食品中,各种微生物的适应情况不一致。一般多数霉菌和少数酵母能耐受较高的渗透压,它们在高渗透压环境中,非但不会死亡,而且有些还能生长繁殖。绝大多数的细菌不能在较高渗透压的食品中生长,仅能在其中短期生存或迅速死亡。在高渗透压食品中生存时间的长短,取决于菌种特性,而细菌耐渗透压的能力,远不如霉菌和酵母。在食品中形成不同渗透压的物质主要是食盐和糖。各种微生物因耐受食盐和糖的程度不同,可分为嗜盐微生物、耐盐微生物和耐糖微生物。它们可在不同加盐食品或加糖食品中生长繁殖,而引起食品变质。

(四)水分活性

食品中都含有一定量的水分,以结合水和游离水两种状态存在。微生物要在食品中生长繁殖,就必须要有足够的水分。通常,含水分多的食品,微生物容易生长;含水分少的食品,微生物不容易生长。那么食品中含水量是多少时微生物就不能生长?这就必须要看食品中水的水分活度 Aw 大小,因为微生物只能利用水中的游离水。

不同类群微生物生长的最低 Aw 值有较大的差异,即使是属于同一类群的菌种,它们生长的最低 Aw 值也有差异。从细菌、酵母、霉菌三大类微生物来比较,当 Aw 值接近 0.9 时,绝大多数细菌生长的能力已很微弱;当 Aw 值低于 0.9 时,细菌几乎不能生长。当 Aw 值下降至 0.88 时,酵母菌的生长受到严重影响,而绝大多数霉菌却还能生长。多数霉菌生长的最低 Aw 值为 0.80。可见霉菌生长所要求的 Aw 值最低。从渗透压角度考虑,生长 Aw 值最低的微生物应是少数耐渗透压酵母、嗜盐性细菌和干性霉菌。

微生物所需要的水分活性界限是非常严格的,微生物生命活动的正常进行,必须要求稳定的 Aw 值,Aw 值稍有变化,对微生物就非常敏感。在微生物所需的最低营养要求能够满足时,尤其在营养条件非常充分时,微生物生长的最低 Aw 值一般是不会变动的,但在某些因素的影响下,微生物能适应的 Aw 值的幅度有时会有所变动。温度是影响微生物生长最低 Aw 值的一个重要因素。在最适温度时,霉菌孢子出芽的最低 Aw 值可以低于非最适温度时的生长最低 Aw 值。有氧与无氧环境,对微生物生长的 Aw 值也有影响,如金黄色葡萄球菌在无氧环境下,它生长的最低 Aw 值是 0.90;在有氧环境中的最低生长 Aw 值为 0.86。若霉菌在高度缺氧环境中,即使处于最适的 Aw 值的环境中也不能生长。在适宜的 pH 值环境中,微生物生长的最低 Aw 值可以稍偏低一些。此外,有害物质的存在,也会影响微生物生长要求的 Aw 值,如环境中有二氧化碳存在时,有些微生物能适应生长的 Aw 值范围就会缩小。

综上所述,食品中不同的内环境因素和分布于食品中的不同微生物之间,相互依赖,相互制约,相互竞争,相互影响,形成了食品一定的内生态体系。

二、食品外环境因素

食品的外界环境条件主要有温度、湿度和气体等。

（一）温度

前已提及，根据微生物生长的适应温度，可分成嗜热微生物、嗜冷微生物和嗜温微生物三大生理类群，每一类微生物都具有一定的适应生长的温度范围，但它们所共同能适应生长的温度范围是在 25 ℃～30 ℃之间。在此温度下，不论是嗜热、嗜冷或嗜温的微生物都有生长的可能，并且该温度范围与嗜温微生物的最适生长温度相接近，也是绝大多数细菌、酵母和霉菌能够较良好生长的温度范围。因此，在 25 ℃～30 ℃之间，各种微生物都有可能使食品引起变质。若温度高于或低于这个温度范围时，主要微生物类群将要改变。

食品在冷藏过程中，由于嗜冷微生物的存在而引起腐败变质，因为低温微生物在低温下繁殖速度较慢。能在低温食品中生长的细菌，多数是革兰阴性的芽孢杆菌，如假单胞菌属、无色杆菌属、黄色杆菌属、产碱杆菌属、弧菌属、气杆菌属、变形杆菌属、赛氏杆菌属、色杆菌属等；其他革兰阳性细菌有小球菌属、乳杆菌属、小杆菌属、链球菌属、棒状杆菌属、八叠球菌属、短杆菌属、芽孢杆菌属、梭状芽孢杆菌属；在低温食品中出现的酵母有假丝酵母属、圆酵母属、隐球酵母属、酵母属等；霉菌有青霉属、芽枝霉属、念珠霉属、毛霉属、葡萄孢霉属等。低温微生物因代谢活动非常缓慢，从而引起食品变质的过程也比较长。

在 45 ℃以上能够生长的微生物，主要是嗜热微生物，但还包括嗜温微生物的某些菌种。在高温环境中，引起食品变质的微生物主要是嗜热细菌，其变质过程比嗜温菌要短。

（二）湿度

通常用相对湿度表示空气湿度大小。所谓相对湿度是指在一定时间内，某处空气中所含水气量与该温下饱和水气量的百分比。每种微生物只能在一定的 Aw 值范围内生长。但是，这一定范围的 Aw 值要受到空气湿度的影响。因此，空气中的湿度对于微生物生长和食品变质来说，起着重要的作用。若把含水量少的脱水食品放在湿度大的地方，食品则易吸潮，表面水分迅速增加。此时如果其他条件适宜，微生物会大量繁殖而引起食品变质。长江流域黄梅季节，粮食及物品容易发霉，就是因为空气湿度太大（一般相对湿度在 70％以上）的缘故。

环境的相对湿度对食品的 Aw 值和食品表面微生物的生长非常重要。食品应该贮藏在不能让食品从空气中吸取水分的相对湿度值条件下，否则食品自身表面和表面下 Aw 值就会增加，微生物就能够生长。当把低 Aw 值的食品放置在高相对湿度值的环境中时，食品就会吸收水分直到建立起平衡为止。同样，高相对湿度值的食品在低 Aw 值的环境中时就会失去水分。

在选择合适的贮藏条件时还应该考虑相对湿度值与温度之间的关系。因为温度越高,相对湿度值越低;反之亦然。

表面易遭受霉菌、酵母和某些细菌腐败的食品,应该在低相对湿度值条件下进行贮藏,包装不好的肉在冰箱中往往在深度腐烂前容易遭到许多表面腐败菌的危害,因为其相对湿度值较大,通气性相对较好。虽然通过贮藏在低相对湿度值条件下可能会减少表面腐败的机会,但在此条件下食品自身将会失去水分而造成品质变差。因此,在选择合适的相对湿度值的条件下,应该同时考虑微生物在食品表面的生长条件,以及保持理想的食品品质条件等问题。这样,可以在不低于相对湿度值的同时防止食品表面腐败。

(三)气体

食品在加工、包装、运输、贮藏中,由于食品接触的环境中含有气体的情况不一样,因而引起食品变质的微生物类群和食品变质的过程也都不相同。

与食品有关且必须在有氧环境中才能生长的微生物有霉菌、产膜酵母、醋酸杆菌属、无色杆菌属、黄杆菌属、短杆菌属中的部分菌种,芽孢杆菌属、八叠球菌属和小球菌属中的大部分菌种;仅需少量氧即能生长的微生物有乳杆菌属和链球菌属;在有氧和缺氧的环境中都能生长的微生物有大多数的酵母,细菌中的葡萄球菌属、埃希菌属、变形杆菌属、沙门菌属、志贺菌属等肠道杆菌以及芽孢杆菌属中的部分菌种;在缺氧的环境中,才能生长的微生物有梭状芽孢菌属、拟杆菌属等。

但有时会出现好氧性微生物或兼性厌氧微生物在食品中生长的同时,也会出现厌氧性或微需氧性微生物的生长。例如:肉类食品中有枯草杆菌生长时,也有梭状芽孢菌生长;乳制品中有肠杆菌生长时,也伴有乳酸菌的生长。

各种类群微生物中的许多菌种,它们在需氧或厌氧的程度上,是不一致的。霉菌都必须在有氧的环境中才能生长,但各种霉菌所需的氧量也有很大的差异。总之,食品处于有氧的环境中,霉菌、酵母和细菌都有可能引起变质,且速度较快;在缺氧环境中引起变质的速度较缓慢。

微生物引起食品变质除了与氧气密切相关外,还与其他气体有关。例如食品贮存于含有高浓度CO_2的环境中,可防止需氧性细菌和霉菌所引起的食品变质,但乳酸菌和酵母等对 CO_2 有较大的耐受力。在大气中含有 10% 的CO_2 可以抑制水果、蔬菜在贮藏中的霉变。在果汁瓶装时,充入CO_2对酵母的抑制作用较差;在酿造制曲过程中,由于曲霉的呼吸作用,可以产生CO_2,若CO_2不迅速扩散而在曲周围环境中积累至一定浓度时,将会显著抑制曲霉的繁殖及酶的产生,故制曲时必须进行适当的通风。把臭氧(O_3)加入某些食品保藏的空间,可有效地延长一些食品的保藏期。

第六章 微生物与食源性疾病

微生物对食品的污染不只是表现在食品腐败变质上,食源性疾病也是由微生物污染食品造成的。食源性疾病是一类疾病的总称,此类疾病通常具有感染性或中毒性质,是通过摄食而进入人体内的各种致病因子引起的。每一个人均面临食源性疾病的风险。食源性疾病不但包括传统的食物中毒,而且包括经食物传播的各种感染性疾病,如常见的食物中毒、食源性肠道传染病等。食源性疾病多种多样,直接危害人类的健康。因此,需要了解常见的引起食源性疾病的病原学特性、中毒机制,掌握其传染源及防治措施等。本章将就食源性疾病的定义、食物中毒的概念和分类、细菌性食物中毒、真菌性食物中毒、食品介导的病毒感染等知识进行介绍,切实做好食源性疾病的防控,确保食品安全。

第一节 食源性疾病概要

实际上,食源性疾病与传统的食物中毒是同一类疾病,前者是由后者发展而来的,发病原因都是由食物造成的。但食源性疾病代表了自古以来人们对食物引起的一类疾病的传统认识,而食物中毒则代表了人们对病原物质通过食物进入人体内引起发病或病原体通过食物传播引起的一种疾病流行方式的理性认识和科学概括。

一、食源性疾病的定义

食源性疾病是中毒或者感染性疾病,致病菌是由食物带入体内的。现在人们对疾病的认识越来越全面,但是食源性疾病的范畴并没有停止扩大。

二、食源性疾病的特点

(一)暴发性

一起食源性疾病暴发少则几人,多则成百上千人。在发病形式上,微生物性食物中毒多为集体暴发,潜伏期较长(6~39小时);非微生物性食物中毒为散发或暴发潜伏期较短(数分钟至数小时)。

（二）散发性

化学性食物中毒和某些有毒动植物食物中毒多以散发病例出现，各病例间在发病时间和地点上无明显联系，如毒覃中毒、河豚鱼中毒、有机磷中毒等。

（三）地区性

指某些食源性疾病常发生于某一地区或某一人群。例如：肉毒杆菌中毒在中国以新疆地区多见；副溶血性弧菌食物中毒主要发生在沿海地区；霉变甘蔗中毒多发生在北方地区；牛带绦虫病主要发生于有生食或半生食牛肉的地区。

（四）季节性

某些疾病在一定季节内发病率升高。例如：细菌性食物中毒一年四季均可发生，但以夏秋季发病率最高；有毒蘑菇、鲜黄花菜易发生在春夏生长季节；霉变甘蔗中毒主要发生在 2～5 月份。

三、食源性疾病的分类

食源性疾病按中毒物质分类，可以分为四类。

（一）细菌性食物中毒

细菌性食物中毒是食物中毒中比较常见的一种，是一种急性或亚急性的疾病，通常是由于摄入被致病菌或其毒素污染的食物而引起的。细菌性食物中毒的发病率较高，但是因病而出现死亡的概率比较低，并且该类中毒疾病具有明显的季节性。引起细菌性食物中毒的细菌有变形杆菌、沙门氏菌、金黄色葡萄球菌等。

（二）化学性食物中毒

化学性食物中毒是：指摄入化学性有毒食品而引起的食物中毒。该类疾病的发病率较高，因病致死的概率也比较高，如亚硝酸盐、农药等引起的食物中毒。

（三）动植物性食物中毒

动植物性食物中毒的发病率比较高，会引起病死，病死原因各异。常见的植物性中毒包括苦杏仁中毒、四季豆中毒等，常见的动物性中毒包括贝类中毒、河豚中毒等。

（四）真菌性食物中毒和霉变食物中毒

真菌性食物中毒和霉变性食物中毒是指食用被产毒真菌及其毒素污染

的食物而引起的急性疾病。该类疾病的发病率较高,病死率因菌种及其毒素种类而异。常见的有黄曲霉素中毒、黄变米毒素中毒、霉变甘蔗中毒、毒蘑菇中毒等。

第二节　细菌性食物中毒

食品中常见的细菌称为食品细菌,包括致病菌、条件致病菌和非致病菌。致病菌和某些条件致病菌污染食品会引起急性或慢性疾病。

一、特点

细菌性食物中毒具有如下一些特点:潜伏期较短,多表现为突然发病;发病率高;发病季节多在夏季;发病致死率较低,短时间即可康复。

二、中毒原因

(一)原材料本身受致病菌污染

原材料表面往往附着有细菌,尤其在原料破损处有大量细菌聚集,增大了被致病菌污染的机会;原料在运输、贮藏、销售等过程中受到致病菌的污染。

(二)从业人员带病菌

食品从业人员的个人卫生习惯较差,对食品进行直接接触时不注意操作卫生,使食品受到污染。如果患病的操作人员仍继续接触食品,极易使食品受到致病菌污染,从而引发食物中毒。

(三)原料半成品及用具的交叉污染

各种原料处于生的或是半成品状态时都会带有较多的致病菌,如果对原料进行处理的过程中,混用了各种盛放原料的器皿就会引起交叉感染,从而引起食物中毒。

(四)食物在食用前未被彻底加热

加热可以杀死大多数的致病菌,因此食物在食用前对其进行加热很有必要。如果食物量过多或者煮之前没有彻底解冻,那么食物所带的致病菌就不会被彻底消灭,即便食用前进行了加热也会引起食物中毒。

(五)食品贮存温度

细菌的生长繁殖需要合适的温度,若对食物进行贮存时的温度恰好适合细菌,那么就会引起细菌在食物内生长繁殖。通常细菌生存的最低温度是5 ℃,低于此温度的环境下,细菌的生长繁殖活动就会停止;细菌生存的最高温度是 65 ℃,高于此温度也基本上没有存活的可能性。因此,在对食物进行贮存时,我们要注意贮存的温度与细菌的生存温度是否一致。

(六)餐具清洗消毒不彻底

餐具使用之后没有进行彻底的清洗和消毒,就会使得部分细菌残留在餐具上,从而导致食物中毒。

三、发病机制

细菌性食物中毒的发病机制分为三种,一是感染型,二是毒素型,三是混合型。

(一)感染型

食品受到病原菌的污染,病原菌在食品内大量繁殖,随着食物进入人体,病原菌直接在肠道内发挥作用,附着在肠黏膜上,或是侵入黏膜内,最终导致人体患病。感染型的细菌有沙门氏菌、链球菌等。

(二)毒素型

大多数细菌都可以产生毒素,而且各种细菌毒素的致病作用是非常相似的。细菌在被污染的食物上产生大量的肠毒素,人体摄入细菌污染的食品之后,肠毒素开始发挥作用,影响细胞的正常分泌功能,抑制细胞对钠离子和水的吸收,导致腹泻。常见的毒素型细菌有肉毒梭菌、葡萄球菌等。

(三)混合型

致病菌和肠毒素一起发挥作用。比如副溶血性弧菌等病原菌进入肠道,除侵入黏膜引起肠黏膜的炎性反应外,还可以产生肠毒素引起急性胃肠道症状。

四、常见的细菌性食物中毒

(一)金黄色葡萄球菌食物中毒

葡萄球菌是革兰阳性兼性厌氧菌,属于微球菌科,它的抵抗能力较强,即便是在干燥的环境下也可以生存好几个月,其中在食物中毒方面最常见的菌种是金黄色葡萄球菌。50%以上的金黄色葡萄球菌都可以产生肠毒素,并且一个菌株能产生两种以上的肠毒素,且多数肠毒素在 100 ℃的条件下 30 min不被破坏。

　　夏季、秋季多出现金黄色葡萄球菌食物中毒现象,中毒食物多为乳制品、肉类食品和剩饭剩菜等。人体只摄入含有金黄色葡萄球菌活菌的食物时不会出现食物中毒,只有摄入达到中毒剂量的金黄色葡萄球菌肠毒素才会引起中毒。肠毒素会引起胃肠黏膜充血、水肿等症状,出现腹泻,引起反射性呕吐等。

　　为了避免肠毒素的产生而出现食物中毒,应该将食物放置在阴凉通风的环境中或是冷藏于冰箱内,即便是达到这样的保存条件,食物的放置时间最多为 6 h,在夏秋两季,时间则应更短。食品在食用前应该进行加热处理。食品保藏温度最好在 5 ℃左右。食品加工者应该注意卫生,作业时要佩戴帽子、口罩等。

(二)沙门氏菌食物中毒

　　沙门氏菌为革兰氏阴性杆菌,属于肠杆菌科,是需氧型或兼性厌氧型细菌。目前发现的致病性最强的沙门氏菌是猪霍乱沙门氏菌。沙门氏菌没有葡萄球菌耐热,最适宜的生长温度为 20 ℃～30 ℃。

　　沙门氏菌引起的食物中毒多发生在夏季和秋季,引起食物中毒的食品多为动物性食品,植物性食品很少引起沙门氏菌食物中毒。

　　沙门氏菌活菌可以引起食物中毒,其产生的内毒素也可以引起食物中毒。活菌进入机体会侵袭肠壁黏膜,导致感染型中毒;毒素可以使机体出现腹泻、黏膜出血、体温升高等症状。另外,肠炎沙门氏菌还可以激活小肠黏膜细胞膜上的腺苷酸环化酶,使小肠黏膜对 Cl^- 吸收亢进而对 Na^+ 吸收抑制,导致机体出现腹泻现象。

　　为了减少沙门氏菌引起食物中毒现象的发生,我们要控制食品贮存的时间和温度,对食品进行低温贮存,并且在加热后尽快食用。食品食用前要进行加热处理,可有效地杀死病原菌。

(三)副溶血性弧菌食物中毒

　　副溶血性弧菌为革兰氏阴性杆菌、嗜盐菌,在没有盐的环境下无法生存,不耐酸不耐热。大多数海产品中都大量含有副溶血性弧菌。

　　副溶血性弧菌食物中毒具有地区性的特点,多发生在沿海地区,内陆发生此类食物中毒的情况比较少。其还具有季节性的特点,高发季节为夏季和秋季。导致中毒的食物多为海产食品,比如墨鱼、虾、蟹等。因副溶血性弧菌为嗜盐菌,导致中毒的食物有一大部分为盐渍食品。

　　副溶血性弧菌使人致病的原因是人体大量摄入含有此菌的食物,其在体内大量繁殖,短时间内便可导致人体中毒。大量的活菌、毒素或是两者混合,都可以导致人体中毒,多表现为急性胃肠炎症状,因病致死的概率较小。

为了减少此类中毒现象的发生,对食品进行保藏时应该保持低温状态,食用时应该煮熟,不吃生的或半熟的海产品,凉拌腌菜前应该用自来水清洗干净,并加入食醋来杀菌。此外,我们还要注意防止食物出现交叉污染的情况。

(四)肉毒梭菌食物中毒

肉毒梭菌是革兰氏阳性厌氧杆菌,可存活的 pH 值范围是 4.5～9.0,可以存活的温度为 15 ℃～55 ℃。

肉毒梭菌食物中毒是由肉毒梭菌产生的肉毒毒素引起的。肉毒毒素是一种神经毒素,是目前已知的毒性最强的一种。肉毒素分为 8 类,分别为 A、B、C_1、C_2、D、E、F、G,其中可以引起人体食物中毒的有 4 类,分别是 A、B、E、F。肉毒素在碱性条件下容易被破坏而失去毒性,对热也比较敏感,100 ℃加热 10 min～20 min 就会被破坏。肉毒素对酸和低温很稳定,胰蛋白酶、胃蛋白酶等消化酶对其没有作用,可在胃液中正常存在 24 h。

肉毒素经过消化道进入人体,然后作用于中枢神经系统的脑神经核、神经肌肉连接部位和自主神经末梢,抑制神经末梢乙酰胆碱的释放,导致肌肉麻痹和神经功能的障碍。此类中毒的致死率为 30%～70%,多发生在中毒后4～8 d。

肉毒梭菌食物中毒多发生在 4～5 月。肉毒梭菌广泛存在于土壤、水和海洋中,肉毒梭菌中毒具有地域性,如新疆察布查尔地区是此类食物中毒的高发地。引起中毒的食品种类较多,国内多为家庭自制的植物性发酵品,如臭豆腐、面酱等。

食物中肉毒梭菌主要来源于带菌土壤、尘埃及粪便,尤其是带菌土壤可污染各类食品原料。这些被污染的食品原料,在家庭自制发酵食品的过程中,达不到杀死肉毒梭菌芽孢的温度,并且为肉毒梭菌芽孢的萌发与形成及产生毒素提供了条件,尤其是食品制成后不经加热食用的习惯,更容易引起中毒。

我们需要采取一些措施来减少肉毒梭菌食物中毒的发生。加强卫生知识的宣传教育,尽量少吃生肉,改变肉类的贮存方法;对原料的处理应该更注重,清洗要彻底,自制发酵食品时应该对原料进行彻底的蒸煮;经过加工的食品应该迅速冷却并贮存在低温环境中;食用前也要进行加热处理。

第三节　真菌性食物中毒

真菌性食物中毒是食源性疾病中比较常见的一种疾病,是指粮食、饲料在被真菌污染之后,被人或牲畜误食而引起的食物中毒。

一、中毒原因

引起真菌性食物中毒的主要毒素是霉菌毒素,霉菌是丝状真菌的统称,广泛存在于自然界中的霉菌大多数对人类都没有危害,但是部分霉菌是有害的,而且某些霉菌毒素的污染非常普遍。霉菌毒素是由霉菌产生的,对人和动物具有毒性作用或其他有害生物学效应的一类化合物或代谢产物。霉菌污染食品后,当条件适宜的时候,霉菌会产生毒素,而且霉菌毒素本身就可以直接对食品造成污染。被霉菌毒素污染的食物被人和动物食用之后会对人和动物产生诸多危害。一次性的大量摄入此类食物会导致人和动物出现急性中毒现象,少剂量的长期食用则会引起癌症和慢性中毒。霉菌毒素引起食物中毒的方式基本上是被污染的粮食、油料作物和发酵类食品,因此粮食的霉变是导致真菌性食物中毒的一个重要原因。通常情况下,霉菌毒素都具有耐高温的特性,其主要的侵害对象是实质性器官,而且大多数的霉菌毒素具有致癌性。

引起真菌性食物中毒的原因有很多,主要原因是原料贮存环境不符合要求导致原料出现发霉现象,而且已经发霉的原料仍被做成食物继续食用。除此之外,食物放置过久而发生霉变也会导致真菌性食物中毒。

真菌性食物中毒发生的原因主要有四个:一是粮食及食品的贮存方式不当,造成食物霉变,并食用了霉变食物;二是已经加工的食物贮存方式不当,或者是放置时间过长,导致食物霉变;三是发酵食品的制作过程中被霉菌污染;四是误食了有毒真菌的菌株。

二、中毒条件

真菌性食物中毒是由真菌毒素引起的,真菌毒素的产生需要一定的条件。条件一:食物中具有产毒真菌;条件二:存在产毒真菌可以利用的营养物质;条件三:环境要符合产毒真菌的生长。同时满足这三个条件,才有真菌毒素的存在。

只有少数的霉菌具有产毒性质,产毒霉菌只有在一定的条件下才能产生毒素,如食品的状态、环境中的水分、环境温度等。天然食品与培养基相比,通常情况下,霉菌更易在天然食品上繁殖。各种食品易被污染的霉菌种类也不同,比如花生容易被黄曲霉菌及其毒素污染,小麦容易被镰刀菌及其毒素、大米容易被青霉及其毒素污染。

真菌产生毒素具有两个特点:一是存在真菌与存在其产生的毒素没有必然关系;二是即便食物中没有产生毒素的真菌时,仍可能存在真菌毒素。主要产毒霉菌及其毒素类别如表 6－1 所示。

表 6－1　主要产毒霉菌及其毒素类别

主要产毒霉菌	毒素名称	毒性类别
黄曲霉	黄曲霉毒素	肝脏毒
寄生曲霉	黄曲霉毒素	肝脏毒
杂色曲霉	杂色曲霉素	肝脏毒、肾脏毒
构巢曲霉	杂色曲霉素	肝脏毒、肾脏毒
赭曲霉	赭曲霉毒素	肝脏毒、肾脏毒
岛青霉	黄天精、环氯素	肝脏毒
扩展青霉	展青霉素	神经毒
黄绿青霉	黄绿青霉素	神经毒
桔青霉	桔青霉素	肾脏毒
圆弧青霉	青霉酸	神经毒、致突变作用
纯绿青霉	赭曲霉毒素、桔青霉素	肝脏毒、肾脏毒
禾谷镰刀菌	玉米赤霉烯酮	类雌性激素作用
玉米赤霉菌	脱氧雪腐镰刀菌烯醇	致吐作用
串珠镰刀菌	伏马菌素	肝脏毒、肾脏毒
三线镰刀菌	T－2 毒素	造血器官毒
交链孢霉	交链孢霉毒素	细胞毒、致突变作用

三、发病机制

　　许多真菌可以污染食品使其腐败变质,还可以产生毒素,导致使用者出现食物中毒现象,尤其是真菌中的霉菌。真菌毒素有多种分类,分类标准是毒素作用的靶组织,有的毒素作用于肝脏,就称为肝脏毒;有的作用于心脏,就称为心脏毒;有的作用于造血器官,就称为造血器官毒;等等。人或动物摄入被真菌毒素污染的农畜产品,或通过吸入及皮肤接触真菌毒素可引发多种中毒症状。一种真菌不是只产生一种毒素,它可以产生多种毒素,有的毒素可以由多种真菌产生,因此大多数真菌性食物中毒都表现出相似的症状。

　　按照常规来说,急性真菌性食物中毒的潜伏期特别短,食用污染食物之后很快就会发病,刚开始主要是胃肠道方面表现出中毒症状,会有恶心、厌食等情况出现。不同的真菌毒素会对人体产生不同的危害，出现不同的症状，通常会对肝、神经、肾、血液等系统产生危害，这些系统通常都会出现肝脏肿大、肝功能异常、蛋白尿、血尿、血小板减少、头晕、迟钝、惊厥昏迷麻痹等相应的症状。

引发真菌性食物中毒的霉菌毒素中，许多可在体内积累后产生"三致作用"，即致癌、致畸、致突变和类激素中毒、白血病缺乏症等，对机体造成永久性损害。慢性真菌性食物中毒除引起肝、肾功能及血液细胞损害外，很多可以引起癌症。真菌毒素对人畜致癌作用的机理主要有以下几方面：

（1）真菌毒素与细胞大分子物质结合。

真菌毒素发挥致癌作用的方式与化学致癌物类似，在其发挥作用之前需要借助生物体对其活化，然后再与遗传物质结合，改变基因的表达结果，使正常细胞转变为癌细胞。

（2）免疫抑制剂。

某些真菌毒素具有类似于免疫抑制剂的作用，它会对机体的免疫功能起到抑制作用。换言之，某些真菌毒素会有促进癌症发生的作用，或者其在癌发生的过程中起到辅助作用。

（3）产生真菌毒素并转化为致癌物。

产生致癌的真菌毒素不是霉菌的唯一致癌手段，它还可以通过影响基质的成分来达到致癌的目的。

四、常见的真菌性食物中毒

（一）黄曲霉毒素食物中毒

在粮食、食品和饲料污染中最常见的一种毒素是黄曲霉毒素，它具有高强度的致癌作用，不论是对人还是对动物，它的危害都较大。黄曲霉毒素是由黄曲霉和寄生曲霉产生的，目前为止，研究最清楚的真菌毒素就是黄曲霉毒素。所有的寄生曲霉菌株都可以产生黄曲霉毒素。

黄曲霉常见于粮食、食品和饲料中，分为产毒菌株和非产毒菌株，产毒菌株占了一半以上，具体来说应该是 $60\%\sim94\%$。尤其是在气候湿润、温度较高的地区，黄曲霉对玉米和花生的污染情况比较严重，在这种环境下存在的黄曲霉菌株多为产毒株。

黄曲霉毒素可以分为很多种，包括黄曲霉毒素 B_1（ATFB$_1$）、B_2（ATFB$_2$）、G_1（ATFG$_1$）和 G_2（ATFG$_2$）等。在上述的几种毒素中，毒性最强的是黄曲霉毒素 B_1，致癌作用最强的也是黄曲霉毒素 B_1，其毒性仅次于肉毒毒素。黄曲霉毒素微溶于水，易溶于油脂和一些有机溶剂；对温度的耐性较强，一般的烹任手段对其不会产生破坏;其对碱性环境比较敏感,在碱性条件下极易被分解;其在紫外线辐射下也易被降解。

1.产毒条件

黄曲霉毒素的产生需要满足温度、酸碱度、AW(水活度)等要求。温度要求最低为 12 ℃,最高为 42 ℃;最适宜的产毒 pH 值为 4.7;AW 在 0.93～0.98 时,为最适产毒范围,当 AW 低于 0.78 时,将不能产毒。

黄曲霉在水含量为 18.5％的玉米、稻谷、小麦上生长时,第三天开始产生黄曲霉毒素,第十天产毒达到最高峰,以后便逐渐减少。在菌体形成孢子的过程中,由菌丝体产生的毒素慢慢地向基质中移动。

由于第三天才会有黄曲霉毒素的产生,所以若在两天之内完成对粮食的干燥脱水处理,使粮食中的含水量低于 13％,那么即使粮食中存在黄曲霉去染的现象也不会有黄曲霉毒素的存在。

2.毒性

黄曲霉在食品上繁殖起来,并产生毒素,人吃了霉菌寄生的食物,食物中的毒素蓄积在人的肝脏、肾脏和肌肉组织中,引发慢性中毒,也可能导致急性中毒。黄曲霉毒素对肝脏有很强的致毒性,它对肝脏细胞中的 RNA 的合成具有抑制作用,还具有破坏 DNA 模板的作用。除此之外,它对蛋白质、脂肪等的合成也起负向作用,还会影响机体的正常代谢和正常的肝功能等。黄曲霉毒素中毒分为以下三种类型。

(1)急性中毒。

黄曲霉毒素是一种毒性很强的化合物,人摄入黄曲霉毒素 B_1 2～6mg 即可发生急性中毒,甚至死亡。急性中毒症状主要表现为呕吐、厌食、发热、黄疸和腹水等肝炎症状。

(2)慢性中毒。

是由于持续地摄入一定量的黄曲霉毒素,造成慢性中毒,从而使动物肝脏出现慢性损伤,生长缓慢、体重减轻,食物利用率下降等症状,肝脏有组织学病理变化,肝功能降低,有的出现肝硬化,病程可持续几周至几十同。

(3)三致作用。

黄曲霉毒素具有致畸、致癌、致突变的作用,黄曲霉毒素在 Ames 试验和仓鼠细胞体外转化试验中均表现为强致突变性,对大鼠和人均有明显的致畸作用。

黄曲霉毒素是强烈的致癌物质,不仅能诱导鱼类、禽类、各种实验动物、家畜和灵长类动物的原发性肿瘤,其致癌强度非常大,并诱导多种肿瘤,除可诱导肝癌外,还可诱导前胃癌、垂体腺癌等。

3.在食品卫生中的标准

由于黄曲霉毒素具有极强的"三致作用",广泛存在于食品、饲料中,对人和禽畜的危害极大,世界各国都对食物中的黄曲霉毒素含量做出了严格的规定。世界卫生组织和联合国粮农组织规定,所有食品中黄曲霉毒素的总量不应大于 $30~\mu g/kg$。我国食品中黄曲霉毒素的允许限量见表 6-2。

表 6-2　我国食品中黄曲霉毒素的最大允许限量

食品种类	黄曲霉毒素的最大允许限量/$(\mu g/kg)$
玉米、花生及其制品	20
大米和食用油脂(花生油除外)	10
其他粮食、豆类和发酵食品	5
酱油和醋	5
婴儿代乳品	0

4.特点

黄曲霉毒素引起的食物中毒最大的特点就是不受季节限制,一年四季都属于发病季节。

(二)镰刀菌毒素食物中毒

镰刀菌可以对多种作物产生污染,在农作物和经济作物方面,它是比较常见的、重要的病原菌。镰刀菌毒素是镰刀菌属真菌产生的多种次生代谢产物的总称,它在自然界中的分布比较广泛,可以对食品造成污染,从而危害到人体、牲畜的健康。

镰刀菌毒素的种类比较多,主要有单端孢霉烯族化合物、丁烯酸内酯等,分类依据是化学结构和毒性作用。镰刀菌毒素是最危险的食品污染物,对人畜危害十分严重。

(三)黄变米毒素食物中毒

黄变米毒素是由青霉属的菌株产生的毒素。当含水量过高的大米被青霉属的菌污染之后,使得米粒变黄,产生黄变米毒素。黄变米由于被产毒的三种青霉污染而呈现黄色,分别是桔青霉黄变米、黄绿青霉黄变米和岛青霉黄变米。

1.桔青霉毒素

桔青霉为腐生性的不对称青霉,可以从粮食中分离出来。桔青霉污染大米后形成桔青霉黄变米,米粒呈现出黄绿色。桔青霉、点青霉等都可以产生桔青霉毒素。其能溶于有机溶剂,如无水乙醇、乙醚、三氯甲烷,难溶于水。

桔青霉素的作用器官是肾脏，它可以影响肾脏的正常作用。

2.黄绿青霉毒素

黄绿青霉毒素是由黄绿青霉产生的，可使米粒变黄，并且有臭味产生。黄绿青霉大多数情况下存在于米粒有瑕疵的部位或者是胚部。当大米的水含量为14.6％时，就会比较容易感染黄绿青霉，当温度达到12℃～14℃时，正常的大米会变成黄变米，米粒上有淡黄色病斑，同时产生黄绿青霉毒素。

黄绿青霉毒素易溶于乙醇、乙醚、苯、三氯甲烷和丙酮等有机溶剂，在己烷和水中不溶。紫外线照射2 h毒素被破坏。对热不敏感，温度高达270℃时才会失去毒性。黄绿青霉毒素具有神经毒性、遗传毒性、心血管毒性和肝脏毒性。急性中毒表现为神经麻痹、呼吸麻痹、抽搐，慢性毒性主要表现为肝细胞萎缩和多形性贫血。

3.岛青霉毒素

受到岛青霉污染的大米，米粒会呈现黄褐色。岛青霉可以产生岛青霉素、环氯素等。岛青霉毒素的作用器官是肝脏，中毒之后，可以使肝脏萎缩、出现肝硬化、肝肿瘤的症状。

第四节　食品介导的病毒感染

在食品安全方面，随着近几十年来病毒学研究的迅速发展，有关食品污染病毒的报道越来越多，与食品有关的病毒对食品安全性带来的影响已引起人们的普遍关注。食源性病毒能抵抗抗生素等抗菌药物，除自身免疫外，目前还没有更好的对付病毒的方法，其危害性较大。

一、食品介导的病毒

(一)病毒污染的来源

污染食品的病毒来源主要有3种：

(1)环境和水产品中含有许多的病毒，经过灭菌处理的饮用水中也有部分作用于胃肠道的细菌残留。比较常见的是污水，污水处理技术不能将病毒完全消除，剩余的病毒会随着处理后的污水排到环境中去，对环境造成污染，尤其是贝壳类水产品的污染。

(2)携带病毒的动物，受病毒感染的动物可通过多种途径将病毒传染给人类，最主要的途径是动物性食品。

(3)食品加工人员自身带有病毒，比如乙肝患者，在甲型肝炎爆发的案例中，病毒通常来自携带病毒的食品操作者。

(二)病毒污染的途径

病毒通过食品传播的主要途径是粪—口模式,也就是说病毒通过直接方式或间接的方式可以由排泄物传染到食品中。大多数病毒侵入肠黏膜,导致病毒性肠炎。这些病毒也能导致皮肤、眼睛和肺部感染,同样会引起脑膜炎、肝炎、肠胃炎等。

(三)病毒污染食品的特点

由于病毒的绝对寄生性,病毒只能在动物性食品中存在。通常情况下,病毒只是可以在食品中生存,而不能在其中进行繁殖,而且食品提供给了病毒留存的良好环境。

病毒污染食品的特点如下:

(1)潜伏期不能确定,有的只有 10～20 d,有的可达 10～20 年;

(2)病毒污染与季节密切相关,并且流行趋势也与季节有关;

(3)病毒污染呈地方性流行,可散发或大面积流行。

二、食源性病毒

目前,我们经常见到的食源性病毒主要有禽流感病毒(AI)、疯牛病病毒(BSE)、甲型肝炎病毒(HAV)、诺沃克病毒(SRSV)、口蹄疫病毒(FMD)等。

(一)禽流感病毒

1.形态结构

禽流感病毒在分类上属于正黏病毒科,A 型流感病毒属。禽流感病毒可分为 15 个 H 型及 9 个 N 型。病毒颗粒有的呈现球状,有的呈现杆状,还有的呈现丝状,如图 6—1 所示。

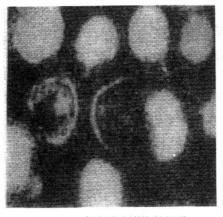

图 6—1　禽流感病毒电镜照片

2.抵抗能力

55 ℃加热 60 min、60 ℃加热 10 min 失活,在干燥尘埃中可存活两周,在冷冻禽肉中存活时间较长,可达 10 个月。

3.食品污染的来源及途径

禽流感病毒的主要污染源是家禽与家禽的尸体,禽流感病毒可以存在于病禽和感染禽的所有组织、体液、分泌物和排泄物中,常通过消化道、呼吸道、皮肤损伤和眼结膜传染。吸血昆虫也可携带并传播该病毒。禽流感病毒可以通过空气传播,候鸟的迁徙可将禽流感病毒从一个地方传播到另一个地方,通过污染的环境等也可造成禽群的感染和发病。

4.污染食品的危害

人因为食用患病的禽类食品而被病毒感染,感染者主要症状为发热、流涕、鼻塞、咳嗽、咽痛、头痛、全身不适,部分患者有消化道症状。少数患者发展为肺出血、胸腔积液、肾衰竭、败血症、休克等多种并发症而死亡。

5.预防措施

禽流感的传染源主要是鸡、鸭,尤其是感染了 H5N1 病毒的鸡。因此,预防禽流感应尽量避免与禽类接触,食用鸡、鸭等食品时要进行彻底的加热处理。平时还应加强锻炼,预防流感侵袭,保持室内空气流通,注意个人卫生,勤洗手,少到人群密集的地方。

(二)疯牛病病毒

1.形态与结构

大多数文献中认为疯牛病是由于中枢神经系统朊蛋白发生变异,形成朊病毒引起的,因此疯牛病还被称为朊病毒。朊病毒不含有通常意义的病毒所含有的核酸,是一种只有蛋白感染因子的病毒,是一类非正常的病毒。朊病毒的主要成分是一种蛋白酶抗性蛋白,对蛋白酶具有抗性。

2.抵抗能力

朊病毒颗粒对各种理化因素的抵抗力都很强,比目前已知的各类微生物和寄生虫的抵抗力都强,这些理化因素包括热、酸、碱、紫外线、离子辐射、乙醇、福尔马林、戊二醛、超声波、非离子型去污剂、蛋白酶等。对朊病毒进行高温处理,当温度达到 60 ℃时,其仍具有感染力,即使温度高到植物油的沸点(160 ℃～170 ℃)也不足以将其灭活。朊病毒可以在很广的 pH 范围内存活,在 pH 值为 2.1～10.5 内都可以保持稳定。37 ℃条件下 200 mL/L 福尔马林处理 18h 或 3.5 mL/L 福尔马林处理 3 个月不能使之完全灭活;室温下,在 100～120 mL/L 的福尔马林中可存活 28 个月。

3.食品污染的来源及途径

若牛生前就带有疯牛病病毒,那么牛死后的肉制品也带有疯牛病病毒,人们食用了该肉制品之后就会被感染。在日常生活中,和牛羊有关的物品不仅是肉制品,有的化妆品、保健品当中也含有牛羊动物源性原料。

4.污染食品的危害

人类一旦感染朊病毒后,其潜伏期很长,一般为10~20年或更长,临床表现为脑组织的海绵体化、空泡化,星形胶质细胞和微小胶质细胞的形成及致病型蛋白积累,无免疫反应。病原体通过血液进入人的大脑,将人的脑组织变成海绵状,如同糨糊,完全失去功能。受感染的人早期主要表现为精神异常,包括焦虑、抑郁、孤僻、萎靡、记忆力减退、肢体及面部感觉障碍等,继而出现严重痴呆或精神错乱、肌肉收缩和不能随意运动,患者在出现临床症状后1~2年内死亡,死亡率100%。

5.预防措施

目前,能采取的预防和控制疯牛病病毒传播的方法是实施全程质量控制体系,杜绝其传播渠道,特别需要做好养殖场的卫生管理工作,病牛应全部安全处理掉,禁止用牛羊类反刍动物的机体组织加工饲料。

(三)甲型肝炎病毒

1.形态与结构

按病毒的生物学特征、临床和流行病学特征,可将肝炎病毒分为甲(A)型、乙(B)型、丙(C)型、丁(D)型、戊(E)型肝炎。与食品有关的肝炎病毒最主要的是甲(A)型肝炎病毒(HAV)。甲型肝炎病毒为肠道病毒72型,属于微小RNA病毒科,直径72 nm,电镜下呈球形和二十面立体对称,无包膜,外面为一独立外壳,内含一个单链RNA分子,由4种多肽组成(图6-2)。

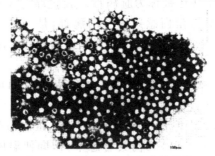

图6-2 甲型肝炎病毒电镜照片

2.抵抗能力

甲型肝炎病毒比肠道病毒更耐热,60 ℃加热1 h不被灭活,100 ℃加热5 min可灭活。4 ℃、-20 ℃和-70 ℃不改变形态,不失去传染性。氯、紫外线、福尔马林处理均可破坏其传染性。甲型肝炎病毒对酸、碱都有很强的抵抗力,在冷冻和冷却温度下极稳定。

3.食品污染的来源及途径

HAV 的传播源主要是甲型肝炎患者,甲型肝炎病毒感染者的胆汁从粪便排出,污染环境、食物、水源、手、食具等,经口传染,呈散发流行。此外,病毒污染水生贝壳类如牡蛎、贻贝、蛤贝等,甲型肝炎病毒可在牡蛎中存活两个月以上。生的或未煮透地来源于污染水域的水生贝壳类食品是最常见的携带病毒的食品。

4.污染食品的危害

潜伏期一般为 10~50 d,平均 28~30 d,再感染后一般能获终身免疫力。甲型肝炎的症状可重可轻,有突感不适、恶心、黄疸、食欲缺乏、呕吐等。甲型肝炎主要发生在老年人和有潜在疾病的人身上,病程一般为 2 d 到几周,死亡率较低。

5.预防措施

搞好饮食卫生,从未污染的水域捕获贝类,彻底加热水产品并防止其在加热后发生交叉污染;保证生产用水卫生;防止粪—口传播途径;保持良好的卫生操作环境;关注员工的健康状况,加强免疫预防等等。

(四)口蹄疫病毒

1.形态与结构

口蹄疫病毒隶属于小 RNA 病毒科,口疮病毒属,是一种人畜共患口蹄疫的病原体。病毒粒子近似球形,其直径为 21~25 nm。病毒衣壳呈正二十面立体对称,属于单链 RNA 病毒,由大约 8 000 个碱基构成。病毒在宿主细胞质中形成晶格状排列,其化学组成是 69% 的蛋白质与 31% 的 RNA。根据病毒的血清学特性,目前确证的有 7 个型,每一型又分为若干亚型,已发现的亚型至少有 65 个。

2.抵抗能力

此病毒对高温、酸和碱均比较敏感,直射阳光 60 min 或煮沸 3 min 即可被杀死。口蹄疫病毒经 70 ℃ 10 min 或 80 ℃ 1 min 或 10g/L 氢氧化钠 1 min 即可失去活力,但在食品和组织中对热抵抗力较强。由于口蹄疫病毒对酸极敏感,pH = 3.0 时瞬间灭活。口蹄疫病毒对化学消毒剂和干燥抵抗力较强,1∶1000升汞、3% 来苏儿 6 h 不能杀死,在 50% 的甘油盐水中于 5 ℃ 能存活 1 年以上。

3.食品污染的来源及途径

患病或带毒的牛、羊、猪、骆驼等偶蹄动物是口蹄疫病毒的主要传播源。发病初期的病畜是最危险的传染源。其重要传播媒介是被病畜和带毒畜的分泌物、排泄物和畜产品(如毛皮、肉及肉制品、乳及乳制品)污染的水源、牧地、饲料、饲养工具、运输工具等。例如,饮食患病的牛奶、处理病畜肉尸及其产品或屠宰加工病畜。

4.污染食品的危害

口蹄疫是一种急性发热性高度接触性传染病。该病毒引发的传染病可人畜共患。人感染口蹄疫病毒后,潜伏期一般为 2～8 d,常突然发病,表现出发热、头痛、呕吐等症状,2～3 d 后口腔内有干燥和灼烧感,唇、舌、齿龈及咽部出现水疱。有的患者出现咽喉痛、吞咽困难、脉搏迟缓、低血压等症状,重者可并发细菌性感染,如胃肠炎、神经炎、心肌炎,以及皮肤、肺部感染,可因继发性心肌炎而死亡。

5.预防措施

在进行牲畜生产与初产品加工时,必须注意个人防护,严格消毒。安排兽医对动物进行定期的检疫,若动物出现疫情,该动物及其同栏的动物必须及时的宰杀,动物内脏以及不容易被消毒的物品要慎重处理,可以深埋或者烧掉。

第七章　微生物与食品安全

食品卫生是指为了确保食品的卫生安全,适当的采取措施,或者配备一定的机械设备来检验,目的是为了保证在食品原料生产、加工或者制造等每个环节的安全性,符合广大消费者的需求,得到健康的食品。按照食品卫生标准的相关规定,食品不能含有除营养物质以外的添加剂或者天然固有的毒、害物质。

食品中的有害因素包括很多种,如食品在加工环节的污染、不适当的食品添加剂、动植物中的天然毒素和食品加工等,在食品贮藏过程中也可能会有有毒、有害的物质侵入食品里。在这些环节中,微生物污染是整个食品污染中最为广泛的、最普通的污染现象,同时也是最被关注的卫生问题。本章节主要讲的就是对食品微生物指标的阐述和对食品中微生物的检验。

第一节　食品安全的微生物指标

一、食品微生物指标的设定

食品微生物是指某个或者某批微生物的存在是否符合相关规定的指标,是为了衡量食品安全和微生物状况的。它是我国食品卫生标准体系中重要的组成部分,在其检测过程中,对于采样、检测方法以及指标表述等方面均有详细的规定和说明。在此标准中,设定食物链的环节是终产品,通常我们只判定终产品是否合格,其他食物链环节没有设立指标,但微生物指标可用于验证对关键控制点限制的效果。因此,微生物指标不仅可用于对终产品的卫生监督管理,而且也是食品生产、运输和销售等全过程卫生质量控制的监测手段。

可以将微生物指标分为以下两大类:

强制使用标准:是对公众健康有影响的病原菌进行控制的微生物标准,对非病菌可能进行限制,也可能不进行限制。

建议使用标准:是一种对终产品的微生物进行特定的标准,是用来加强已经满足的卫生要求的安全保证,或一种微生物的指标,在食品机构中用来监控加工中或加工后的某点的卫生情况。

在我国,食品卫生标准中设定的微生物指标通常包括食品名称、微生物项目及其限量值等,对不同类别食品的采样数量等的要求,在食品安全相关规定的书籍中有详细说明。

作为微生物指标一般应满足以下条件:①在全部食品中可检测微生物,通过微生物可以评价食品的质量问题;②食品的质量和微生物的数量有着一定的关系;③为了能检测和计数微生物,可以从其他区域的微生物中来划分所要检测的微生物;④在短时间内可以检测出结果;⑤微生物的生长不应该受微生物群落或者其他方面的影响。

对微生物进行制订指标是为了能预测食品的安全性。当食品中的微生物指标达到安全时,就不会对食品形成危害。但是这种理论不是完全正确的,因为影响微生物生长发育和繁殖的因素有很多种,且微生物的特点是繁殖快,这些因素和微生物自身的特点将会使卫生指标发生变化。这种变化对食品的安全性将产生什么样的影响,如何预测给定食品中细菌的生长情况,则需要研究菌与这些参数之间的相互关系。这是微生物模型或预测微生物学研究的主要内容。近年来预测微生物学得到了相当的重视,发展迅速。它是利用数学模型/方程式来预测食品中微生物的生长和(或)活动。目前,在只有温度的影响下,预测单一参数的一种微生物的生长并不困难,但是当有复合参数时,难度较大。因为有关复合参数和微生物之间的关系的研究报道较少。因此较为全面和深入的研究,对保障食品安全意义重大而深远。

由于食源性危害可能发生于从原料到消费的供应链的每一个阶段,因此从对终端进行检测发展为过程监控,也就是从"农场到餐桌"全过程管理模式。在此模式下,HACCP质量控制体系得到了迅速发展。对暴露于食品中病原菌的可能性与由暴露导致感染或中毒,以及患者严重程度的可能性的总结和进行评估,即微生物危害风险评估工作发展迅速。1998年国际食品法典委员会(CAC)拟定了进行微生物危害风险评估的原则和指导方针草案,同样对保障食品安全意义深远。

二、食品微生物指标及其检验

我国对食品卫生标准的检验通常是对食品中的菌落总数、大肠菌群、致病菌和其他菌进行检验,其中致病菌也包括了沙门菌、志贺菌、黄色葡萄球菌等。具体的方式方法如下:

(一)菌落总数的测定

食品中微生物菌落总数一般是指食品验样时处理的,在一定条件下培养后,所得出的1 mL或1 g检样中所含菌落的总数。食品有可能被多种微生物所污染,培养时需要满足不同细菌的生长习性,才能培养出各种细菌。但在食品的卫生检验中,通常情况下将会使用一种常用的方法做菌落总数的测定,所得出的结果只是一群能在普通营养琼脂中发育的菌落。

食品中微生物菌落总数的测定方法有很多,但应用最为广泛的是倾注平板菌落计数法,其检测过程如下:

1.检样的制备和稀释

准确称取待测样品 25 g(或 25 mL),放入装有 225 mL 无菌生理盐水并放有小玻璃珠或石英砂的 500 mL 三角瓶中,振荡 20 min,使微生物细胞分散,静置 20~30 min,即成 10^{-1} 稀释液;再用 1 mL 无菌吸管,吸取 10^{-1} 菌液 1 mL 移入装有 9 mL 无菌生理盐水的试管中,充分振荡摇匀,即成 10^{-2} 稀释液;再换一支无菌吸管吸取 10^{-2} 菌液 1 mL 移入装有 9 mL 无菌生理盐水的试管中,即成 10^{-3} 稀释液;如此类推,每次更换吸管连续稀释,制成 10^{-4}、10^{-5}、10^{-6}、10^{-7}、10^{-8}、10^{-9} 等一系列稀释度的菌悬液,供平板接种用。用平板培养计数时,待测菌液的稀释度的选择,应根据不同待测样品而定。一般样品含有待测的微生物数量愈多,则菌液的稀释度也应愈高。反之,菌液的稀释度就应愈低。通常测定食品中的细菌数量时,多采用 10^{-4}、10^{-5}、10^{-6} 稀释度的菌液。

微生物检样的过程必须保证无菌操作,需在无菌室或超净工作台内进行。制备样品时,带有包装的样品在开启前需经一定的处理,塑料袋包装应先用蘸有 75% 酒精的棉球涂擦消毒袋口;容器包装应先用温水洗净表面,再用点燃的酒精棉球消毒开启部位及周围。

取样时根据检验目的来决定取样的部位。若为了判断质量鲜度,应多在内部取内部;若为了检验污染程度或检测是否带有某种致病菌,应多在表层取样。

检样所用的稀释剂主要有生理盐水、蒸馏水、磷酸盐缓冲液或 0.1% 的蛋白胨水等。虽然一般常采用灭菌生理盐水作为稀释液,但以用磷酸盐缓冲液特别是 0.1% 的蛋白胨水最为合适,因蛋白胨水对细菌细胞有更好的保护作用,不会在稀释过程中而使检样中原已受损伤的细菌细胞死亡。如果对含盐量较高的食品(如酱品等)进行稀释,则宜采用蒸馏水。具体相关的操作方法可参照食品卫生微生物学检验。

2.平板接种与培养

将无菌培养皿编上不同稀释度的号码,每一个号码设三个重复,用 1 mL 无菌吸管按无菌操作要求,对号接 1 mL 菌悬液于不同稀释度编号的培养皿中。再在培养皿中分别倒入已熔化并冷却至 45 ℃~50 ℃ 的培养基,轻轻转动培养皿,使菌液与培养基混合均匀,冷凝后倒置,适温下培养,至长出菌落后即可计数。

　　平板接种时,首先应将吸管直立使液体流出,并在平皿底干燥处擦吸管尖将余液排出;注入琼脂后立即往复摇动或顺时针转动,使培养基与接种物混合均匀,可保证样品充分分散,要防止把混合物溅到平皿壁和盖上。平板冷却后,不应长久放置,以免运动性强的菌株在琼脂表面蔓延生长。每个样品从稀释至倾注培养基的时间不得超过 30 min,因长时间放置可能会造成稀释液中悬浮的细菌死亡、增殖或菌落的分离等,也可能会形成片状菌落。目前我国国标中检测细菌总数时,采用的培养基是营养琼脂。

　　加入平皿内的检样稀释液(特别是 10^{-1} 的稀释液),有时带有食品颗粒,为避免与细菌菌落发生混淆,可在 45 ℃左右的琼脂培养基中加入氯化三苯四氮唑(TTC),因多数细菌生长时,能将无色的 TTC 还原为红色物质,所以培养后细菌变成红色菌落,而食品颗粒则不变色,从而容易将两者分辨出来。TTC 受热或光照易发生分解,配制好的溶液应放冷暗处保存。由于 TTC 在一定浓度下对革兰阳性菌有抑制作用,所以用之前应与不加 TTC 的做对照,以观测其对样品的计数有无不利影响。因样品污染的特殊性,有时加入 TTC 液后其计数结果可能会大幅度降低,故选用 TTC 时一定要慎重。

　　为了确定检验操作过程中是否受到来自空气的污染,可在进行检样的同时,打开一个琼脂平板暴露于工作台上,操作完后同时置于温箱培养。稀释液和培养基应做空白对照实验,即将琼脂培养基倾人加有 1 mL 稀释液和未加稀释液的灭菌平皿内,随样品一同培养。有些食品带有颗粒,为避免与细菌菌落发生混淆,可做一检样稀释液与琼脂培养基混合的平皿,于 4 ℃放置,在平板计数时用作对照。

　　培养条件应根据食品种类而定。肉、乳、蛋等食品一般均采用(36±1)℃,水产品兼受陆地细菌和海洋细菌的污染,检验时细菌的培养温度应为30 ℃。其他食品,如清凉饮料、调味品、糖果、果脯、豆制品、酱腌菜等,均采用(36±1)℃培养(48±2)h。

　　3.菌落计数

　　菌落计数所选择的稀释度,应保证平板菌落数在规定的范围内(就直径为 90 mm 的平皿而言)有 30～300 个。当菌落过多时,由于菌落过于拥挤或微生物的拮抗作用而使菌落数目降低;当菌落数过低,则统计学错误将十分明显。

　　选取菌落数在 30～300 之间的平皿作为菌落总数测定的标准。对于一个稀释度来讲,需要三个平皿,最后采取平均数,就是大概的菌落计数。在使用平皿的过程中,其中一个平皿有较大片状菌落生长时,则不宜采用,应该采用无片状菌落生长的平皿作为该稀释的菌落数。若片状菌落不到平皿的一半,而其余一半中菌落分布又很均匀,则可计算半个平皿的菌落数后乘以 2,

以代表全皿菌落数。

4.报告时所选择的稀释度

(1)规定选择平均菌落数在30～300之间的稀释度,以平皿菌落数乘以稀释倍数,所得的菌落总数作为报告。

(2)若有两个稀释度其菌落数均在30～300之间,则规定应视两者之比如何来决定。若比值小于2,应报告平均数;若比值大于2,则报告其中较小的数字。

(3)若所有稀释度的平均菌落数均大于300,则规定应按稀释度最高的平均菌落数乘以稀释倍数报告之。

(4)若所有稀释度的平均菌落数均小于30,则规定应按稀释度最低的平均菌落数乘以稀释倍数报告之。

(5)若所有稀释度的平均菌落数均不在30～300之间,即其中有的大于300,或有的小于30,则按规定以最接近300或30的一种稀释度的平均菌落乘以稀释倍数报告之,如表7—1所示。

表7—1 细菌稀释度的报告

| 编号 | 稀释液及菌落数 | | | 比值 | 菌落数及报告方式 |
	10^{-1}	10^{-2}	10^{-3}	—	(cfu/g 或 cfu/ mL)
1	多不可计	164	20	1.5	16 400 或($1.6×10^4$)
2	多不可计	295	46	2.2	37 750 或($3.8×10^4$)
3	多不可计	271	60	—	27 100 或($2.7×10^4$)
4	多不可计	多不可计	313	—	313 000 或($3.1×10^5$)
5	27	11	5	—	270 或($2.7×10^2$)
6	0	0	0	—	<$1×10$ 或(<10)
7	多不可计	305	12	—	30 500 或($3.1×10^4$)

检样为固体时,采用质量法取样检验,以 g 为单位报告其菌落数;检样为液体时,采用滴定法取样检验,以 mL 为单位报告其菌落数;检样为样品表面的涂拭液,则以cm^2为单位报告其菌落数。结果报告单位为 cfu/g 或cfu/ mL。

计数时可能会出现一些特殊情况,如在添加较高浓度的样品稀释液的平板上没有菌落生长,而在较低浓度的平板中却有菌落的生长。这种情况可能是因为在食品中存在抑制微生物生长的物质,在微生物被稀释到不能被检测出的数量时,这些抑制物质也被稀释到最低抑菌浓度以下。

5.菌落数的报告方式

报告每克(毫升)样品中平板菌落数。菌落数在100cfu以内时,按实际报告;大于100cfu时,取两位有效数字,第三位数字采用四舍五入的方法计算,也可用10的指数形式来表示。

(二)对大肠菌群的检测

大肠菌群是指一群在37 ℃、24 h能发酵乳糖产酸、产气,需氧或兼性厌氧的革兰阴性无芽孢杆菌。大肠菌群的检测一般按照其定义进行,常使用的技术是最大可能数计数技术。

MPN为最大可能数的简称,是检测低含量细菌食品的一种统计学方法,能通过概率论来推算样品中微生物的最近似数值。用这种方法检测时,要对样品进行连续的系列稀释,每个稀释度分别加入三管或五管培养基培养,培养后统计阳性反应管的数目。查MPN检索表即可得出每100 mL(g)检样内大肠菌群最可能数(MPN)。大肠菌群检测分三步,即乳糖发酵试验、分离培养和乳糖复发酵验证试验。

1.检样稀释

(1)将25 mL的验品(无菌)加入含有225 mL的无菌生理盐水,如果没有生理盐水,可用其他的稀释液代替,前提必须是无菌。

(2)经过充分的研磨制成比例是1∶10的稀释液体。

(3)如果是固体的检样,稀释后最好用均质器进行加速摇振,制成稀释液的比例为1∶10。

(4)在检验发酵液样品时,一般不需要稀释。

(5)检测固体样品时一般只做1∶10稀释。

2.乳糖发酵试验

将待检样品接种于乳糖胆盐发酵管内。接种量为10 mL或50 mL者,用双料乳糖胆盐发酵管;1 mL及1 mL以下者,用单科乳糖胆盐发酵管(培养基量为5 mL)。每稀释度接种3管,(36±1)℃培养(24±2) h。如所有乳糖胆盐发酵管都不产气,则可报告为大肠菌群阴性;如有产气者,则按下列程序继续进行。

3.分离培养

将产气的发酵管分别转接在伊红美蓝琼脂平板上做分离培养,(36±1)℃培养18~24 h,然后取出观察菌落形态,并做革兰染色和证实试验(菌落呈紫黑色带金属光泽,镜检呈G⁻短杆菌者,符合大肠菌群细菌形态特征)。

4.证实试验

如上所述,在平板上挑取可疑的菌落进行革兰染色,同时接种乳糖发酵管,(36±1)℃培养(24～2)h,观察产气情况。凡发酵乳糖产气、革兰染色为阴性的无芽孢杆菌,即可报告为大肠菌群阳性。

5.报告

根据证实为大肠菌群阳性管数,查 MPN 检索表。报告每 100 mL(g)样品中大肠菌群的最近似值。

(三)霉菌和酵母菌总数的测定

霉菌和酵母菌总数测定方法较多,将逐一陈述。

1.直接计数

采用倾注平板菌落计数法,其操作程序如下:

(1)将 25mL 的验品(无菌)加入含有 225mL 的无菌生理盐水,如果没有生理盐水,可用其他的稀释液代替,前提必须是无菌。

(2)使用已经灭菌的吸管吸取已成比例的稀释液,注入试管中;另用带橡皮乳头的 1 mL 灭菌吸管反复吹吸 50 次,使霉菌孢子充分散开。

(3)取 1:10 稀释液注入含有 9 mL 灭菌水的试管中,另换一支 1 mL 灭菌吸管吹吸 5 次,此液为 1:100 稀释液。

(4)按照上述的操作,再做 10 倍递增稀释液,每稀释一次,要换用灭菌稀释管,考虑到样品在做稀释的时候,会被污染,根据污染的情况,可选择三个合适的稀释度,分别做 10 倍稀释的同时,吸取 1 毫升。每个稀释度要做两个平皿,在培养基中注入平皿中,对温度的要求是在 45 ℃,待琼脂凝固后,再放入培养箱中,此时的温度要求是在 26 ℃左右,三天后开始观察其状况。

(5)直接计数的计算方法。通常选择菌落数在 10～150 之间的平皿进行计数,同稀释度的平皿的菌落平均数乘以稀释倍数,即为每克(或毫升)检样中所含霉菌和酵母数。其他与菌落计数要求相同。

(6)报告。每克(或毫升)食品所含霉菌和酵母数以 cfu/g 或 cfu/mL 表示。

2.直接镜检计数法

(1)检样的制备。取定量检样,加蒸馏水稀释至折光指数为 1.344 7～1.346 0(即浓度为 7.9%～8.8%),备用。

(2)显微镜标准视野的校正。将显微镜按放大率 90～125 倍调节标准视野,使其直径为 1.382 mm。

(3)涂片。洗净郝氏计测玻片,将制好的标准液,用玻璃棒均匀地摊布于计测室,以备观察。

(4)观测。将制好的载玻片放于显微镜标准视野下进行霉菌观测,一般每一检样应观察 50 个视野,最好同一检样两人进行观察。

(5)结果与计算。在标准视野下,发现有霉菌菌丝长度超过标准视野

(1.382 mm)的 1/6 或三根菌丝总长度超过标准视野的 1/6(即测微器的一格)时即为阳性(+),否则为阴性(一)。按 100 个视野计,其中发现有霉菌菌丝体存在的视野数,即为霉菌的视野百分数。

(四)致病菌的检验

在自然界中,有多种多样的致病菌存在着,分布也极其广泛,故检验该细菌的方法也是多种多样的。致病菌中的沙门菌的特点是感染效率高,感染范围广泛,传播速度很快。由于种类多,检测程序很复杂。在此以该菌为代表说明致病菌的检测程序,以达到举一反三的目的。

沙门菌属分类属肠杆菌科,是一种重要的肠道致病菌,可引起人类伤寒、副伤寒、感染性腹泻、食物中毒和医院内感染,并引起动物发生沙门菌病等。

典型的沙门菌具有两种抗原结构,一是 O 抗原,二是 H 抗原。大多数沙门菌的鞭毛抗原有双相变异的特点,分为 1 相抗原和 2 相抗原,还有个别的沙门菌产生表面多糖及 Vi 抗原。根据 O 抗原、H 抗原双相抗原及 Vi 抗原的不同,可以将沙门菌分为近 3 000 种血清型。

1.前增菌和增菌

冻肉、蛋品、乳品及其他加工食品均应经过前增菌。各称取 25 g 的样品,加在 500 mL 的广口瓶中,瓶内有 225 mL 的缓冲蛋白胨水。此种操作步骤是固体,均可用均质器将其打碎,放置于(36±1)℃培养中 4 h,然后将其移至氯化镁孔雀绿增菌液或四硫磺酸钠煌绿增菌液内,于 42 ℃培养 18~24 h。同时,另取 10 mL,转种于 100 mL 亚硒酸盐胱氨酸增菌液内,于(36±1)℃培养18~24 h。

2.分离检验

取增菌液 1 环,划线接种于一个亚硫酸铋琼脂平板和一个 DHL 琼脂平板。两种增菌液可同时划线接种在同一个平板上。于(36±1)℃分别培养18~24 h(DHL、HE、WS、SS)或 40~48 h(BS),观察各个平板上生长的菌落。

3.菌型的判定和结果报告

综合以上生化试验和血清学分型鉴定的结果,按照有关沙门菌属抗原表判定菌型,并报告结果。

从上述沙门菌检验程序看,传统的检测方法检测周期长、程序复杂、所需试剂繁多,已远远不能满足现代检测的需要。随着现代科学技术的不断发展,特别是免疫学、生物化学和分子生物学的进步,人们创建了许多快速、简便、特异、敏感、低耗且适用于沙门菌检测的新型方法。例如法国的 API 系统、意大利 biolife 公司的 mucaptestt 试剂盒,对沙门菌有很高的敏感性和特异性,操作也十分简便、快速。另外,酶联免疫吸附法(ELISA)、核酸探针、流式细胞仪(FCM)等均可用于沙门菌的快速检验。

第二节　食品中微生物的检验

食品微生物学检验是应用微生物学的理论和实验方法,根据卫生学的观点来研究食品中有无微生物,微生物的种类、性质、活动规律以及对人类健康的影响,通过检验可以基本判断食品的微生物质量。

一、国内食品微生物的检验

食品微生物学的检验程序一般包括检验前的准备、样品的采集、送检、处理、检验、结果报告等 6 个步骤。

(一)检验前的准备

(1)在检验时所需用的仪器设备都要准备好,最基本的使用仪器是显微镜、电子秤、灭菌的各种仪器等。

(2)将检验时所需的各种吸管、广口瓶、试管等都清洗干净,包装好,设备必须是无菌的、干燥的。

(3)将所需要的试剂、药品都要准备好,做好平板计数琼脂培养基或者其他培养基。根据检验所需,分装试管放置于冰箱中,温度在 4 ℃左右。

(4)要对无菌室进行灭菌,如果是用紫外灯法灭菌,时间应该至少在45 min,在关灯后的 30 min 才能进入;如果用超净工作台,需要提前打开机器,使用紫外灯灭菌 30 min。如果想要更加精确,可以对无菌室的空气进行检验。

(5)在检验的过程中,所参与的人员,必须穿戴工作服、帽子、鞋子和口罩,且要灭菌后备用。对参与人员(工作人员)的规定是:进入无菌室后,操作未完成前不得再出无菌室。

(二)样品的采集过程

对样品的采集主要是液体和固体两个部分,齐全的采集样品在《食品卫生微生物学检验总则》有所体现,在这里只摘出部分,仅供参考。

1.固体样品的采集过程

(1)肉和肉制品:a.生肉和脏器管。如果是宰杀后的畜肉,可用无菌刀割去两腿内侧的肌肉 50 g;如果是冷藏室或超市售卖的肉,可用无菌刀割去腿肉 50 g,其他部位的肉也可以;在取内脏时,也需要用无菌刀割取。b.熟肉及灌肠类肉制品:用无菌刀割取不同部位的样品,置于无菌容器内。

(2)乳和乳制品:如是散装或大型包装,用无菌刀、勺取样,采取不同部位具有代表性的样品;如是小包装,取原包装品。

(3)蛋及蛋制品：①在取鲜蛋时，采用无菌的方法；②全蛋粉、巴氏消毒鸡全蛋粉、鸡蛋黄粉、鸡蛋白片：在包装铁箱开口处用75%的酒精消毒，然后用无菌的取样探子斜角插入箱底，使样品填满取样器后提出箱外，再用无菌小匙自上、中、下部位采样100～200 g，装入无菌广口瓶中；③鸡全蛋、巴氏消毒的冰鸡全蛋、冰蛋黄、冰蛋白：先将铁听开口处的外部用75%的酒精消毒，而后将盖开启，用无菌的电钻由顶到底斜角插入。取出电钻，从电钻中取样，置于无菌瓶中。

2.液体样品的采集过程

(1)如果是原包装的液体，采集样品时，使用整瓶；如果是散装样品采集时，可采用无菌吸管采样。还有一种情况是冷藏食品，采样，可放入隔热容器内。

(2)要采集罐头为样品时，可使用厂别、商标或品种的来源以及生产时间进行分类采取。采取数量应根据实际所需而定，不过尽量要采取原包装样品。

3.样品采集的注意事项

(1)在采集之前，要对样品有彻底的了解，必须对样品的来源、加工、贮藏、包装以及运输等都有详细的知晓。

(2)在采集样品时，所使用的容器、设备都要在灭菌后才能使用。

(3)采集样品时要在无菌的环境中操作。

(4)在采集样品的同时，不可以使用添加剂。

(5)液体样品需搅拌均匀后方可采取；在采集固体样品时，需要使用设备打碎。

(6)要尽量使用具有代表性的样品。

(三)样品的送检

(1)将采集好的样品，以最快的速度送到食品微生物实验室内。如果路途遥远的，可将样品分为需要冷冻的和不需要冷冻的。需要冷冻的样品，保持在冷冻的状态，可放入泡沫塑料隔热箱内，可以防止溶解；不需要冷冻的样品，可放入冰壶中，壶中的温度保持在5 ℃以内。

(2)在样品送检时，需要填写人员将申请单认真填写完整，以便检验人员参考。

(3)检验人员接收到送检申请时，应立即登记，并填写实验序号，然后按照检验的要求放置冰箱或者冰盒中，最后积极的备条件进行检验。

(4)食品微生物检验室必须备有专用冰箱保存样品，一般阳性样品发出报告后3 d(特殊情况可延长)方能处理样品；进口食品的阳性样品，需保存6个月方能处理；阴性样品可及时处理。对检出致病菌的样品要经过无害化处理。

（四）样品的处理

对于样品的处理可分为固体样品处理和液体样品处理，具体如下：

1.固体样品的处理

使用无菌的工具获取 25 g 不同部位的样品，将其剪碎，再放入无菌的容器里，添加定量的无菌生理盐水，将其旋涡似的振荡混匀，如果没有无菌的生理盐水，可将其放入无菌均质袋中，再拍打 2 min 左右，制成比例为 1∶10 的样品液。

如果含有蛋制品时，最方便快捷的摇匀方式就是加入多个玻璃球，方便振荡；如果有生肉及内脏时，先对样品进行表面消毒，再剪掉表面的样品，采取深层样品。

2.液体样品的处理

对液体样品的处理，可分为原包装的样品、含有CO_2 的样品和冷冻食品。①原包装样品：首先，用点燃的酒精棉球将瓶口消毒；其次，用消毒过的纱布将瓶口盖上；再次，用消毒过后的开罐器进行打开；最后，将其摇匀，用无菌吸管直接吸取。②液体样品含有CO_2：开瓶的方法和原包装样品步骤一样；其次，将样品倒入无菌瓶内，盖上一块纱布；最后，将瓶口开一条小缝隙，轻轻摇匀，使气体出来后方可进行检验。③将冷冻食品放入无菌容器内，待解冻后检验。

（五）样品的检验

每个检验项目就会有相应的检验方法，根据食品卫生的相关规定，对同一个检验项目如果有两种检验方法时，将会采用第一法为基本准则。

检验方法执行的是国家食品卫生微生物学检验的标准。除此之外，国内还有地方标准、企业标准等。在国际上，也有国际对食品卫生微生物学的标准，是为了使各个食品出国达到标准。总之，应根据食品的消费去向选择相应的检验方法。

（六）结果报告

在检验过程中，应该及时、准确地记录所观察到的现象、检验后的结果和相关的数据信息。检验结束后，检验人员应按照检验方法中的规定，准确并客观地报告每一项检验的结果，填写报告单，签上名字，送交管理人员审核，并签字，加盖印章，即刻生效。

二、国际卫生标准下的微生物

对于进出口食品，国际上有相关的标准规定，食品的微生物学指标除接受国家进出口商品检验部门监督外还要符合国际上的标准规定。目前,国内外检验的方法多种多样,更为方便快捷的是抽样,将同一批次的产品,取出若干个样,混合后一起检查,根据百分比例进行抽检。有些检验会是根据食品的危害不同进行抽样检查,甚至是按照数理统计的方法进行抽样个数。不管采用何种方式方法,都是为了保证食品的卫生安全。

(一)ICMSF 推荐的取样方案和判定标准

国际食品微生物标准委员会提出采样的基本原则,考虑到不同的微生物对人体的危害不同,以及食品经过不同的条件处理后,会造成不同的后果,在取样方案中也会有不同的抽样方法,并按照规定抽取。目前,中国、美国、澳大利亚、加拿大、新加坡、以色列等很多国家已采用此法作为国家标准。

ICMSF 方法从统计学原理考虑,根据同一批次产品检查多少检样才能具有代表性,才能客观反映该产品的质量而设定取样方案。ICMSF 方法中包括二级法及三级法两种。二级法只设有 n、c 和 m 值,三级法则有 n、c、m 和 M 值。

n:同一批次产品应采集的样品个数;

c:最大可允许超出 m 值的样品数;

m:微生物指标可接受水平(合格菌数)的限量值;

M:微生物指标的最高安全限量值。

1.二级抽样方案

在自然界中,材料的分布曲线大多数是正态分布,以其一点作为食品微生物的限量值,只设合格的标准值 m,如果有产品超过了标准值 m,则为不合格的产品。根据标准值来判断食品是否合格。

以生食海产品鱼的细菌数标准副溶血性弧菌为例,n=5,c=0,m=100。n=5 即抽样 5 个,c=0 即意味着在该批检样中,未见到有超出 m 值的检样,此批产品才为合格品。

2.三级抽样方案

设有微生物标准值 m 值,如同二级抽样方案,如有超过 m 值的检样,即视为不合格产品。所有检样均小于 m 值,即为合格。在 m 值到 m 值的范围内的检样数,如果在 m 值范围内,即为附加条件合格。

在抽样方案中,以冷冻的生虾细菌标准为例:n=5,e=3,m=100,m=1000。意思是在同一批次的产品中,随机抽取 5 个检样,如果所有的细菌数菌小于 100,则视为合格的产品;若≤2 个检样的细菌数位于 m 与 M 值之间(即 100~1000 之间),则判定为附加条件合格;如果有 3 个及以上检样的细菌数是在 m 与 M 值之间或 1 个检样细菌数超出 m 值,则判定该批产品为不合格。如图 7-1 所示为三级抽样方案的判断流程。

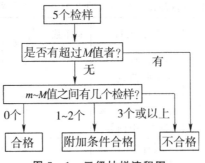

图7-1　三级抽样流程图

3.微生物食品危害的分类

为了强调抽样与检样之间的关系,ICMSF已经阐述了将严格的抽样计划与食品危害程度相联系的概念。ICMSF根据食品中微生物的危害程度,分为1~5级,并按食品的加工处理条件不同,将食品分为a、b、c三类。根据微生物的危害度和食品类别的组合,将食品微生物危害度分为15级。其中1~9级为危害度较低的微生物或污染指标菌,10~15级为危害度较高的微生物。对危害度较低的微生物,可容许其在食品中存在,但有菌数的限制,并用三级法进行评价;对危害度较高的微生物,则不容许在食品中存在,用二级法进行评价。

对加工处理的食品会酌情考虑其危害。例如,超市里的火腿肠含有黄色葡萄球菌,但可以被腐败菌所抑制,不容易会发生中毒现象,危害级别在7~8,烹调加工后的熟肉,对腐败菌没有抵抗能力,则会导致中毒现象的发生,危害级别为9级。加热盐腌的火腿水分活性在0.86以下,金黄色葡萄球菌有增殖的可能性,因此适用9级。沙门氏菌水分活性在0.94以下不能繁殖,适用11级。为了安全性,冷冻生虾加热后食用,减少了危害度,适用1、4、10级。为了不加热进食,冷冻加工虾在解冻中有增加危害的可能性,适用3、6、9、12。综上所述,应根据各种食品的危害度设定相应的危害度级别。

(二)国际食品微生物检验的取样方案与微生物标准

国际上现行的部分食品微生物检验的ICMSF取样方案与微生物标准。其中 n 数不得小于5,每个样品取样量不得低于200 g,标准中对于不允许检出的项目,可将几个样品混合均匀后检验,如表7-2所示。

表 7-2　部分食品微生物检验的 ICMSF 取样方案与卫生标准

标准	食品	检验项目	采样数	污染样品数	标准下限	标准上限
FAO/WHO标准（除进口国家另有明确的规定外，均适用）	鲜鱼、冻鱼、生冻虾（仁）、生冻龙虾（仁）	平板计数	5	3	10^6	10^7
		粪大肠菌数	5	3	4	4×10^2
		沙门氏菌	5	3	10^3	5×10^3
		副溶血性弧菌（日本、中国等）	5	0	0	
欧盟标准	贝类及软体动物	平板计数	5	2	5×10^4	5×10^5
		大肠菌群	5	2	10	10^2
		大肠杆菌	5	1	10	10^2
		金黄色葡萄球菌	5	2	10^2	10^3
		沙门氏菌	5	0	0	
ICMSF 推荐水产品微生物标准	冻对虾	细菌总数	5	3	10^6	10^7
		粪大肠菌群	5	3	4	10^2
		副溶血性弧菌	5	3	10^2	10^3
		金黄色葡萄球菌	5	3	10^3	
美国 FDA 标准	冻对虾	细菌总数	5	1	10^6	10^7
		粪大肠菌群	5	1	4	4×10^2
		沙门氏菌	5	1	10^3	5×10^3
		金黄色葡萄球菌	5	0	0	
澳大利亚	冻熟虾（仁）	细菌总数	5	2	10^5	10^6
		粪大肠菌	5	1	9 MPN/g	7 MPN/g
		金黄色葡萄球菌	5	1	5×10^2	5×10^3
		沙门氏菌	5	0	0	0
新加坡标准	冷藏的分割肉/副产品	细菌总数	5	3	10^6	10^7
		粪大肠菌	5	2	100 MPN/g	500 MPN/g
		金黄色葡萄球菌	5	2	100 MPN/g	500 MPN/g
		沙门氏菌	5	1	0	0
	冷冻分割肉/副产品	细菌总数	3	1	5×10^5	10^7
		粪大肠菌	3	1	100 MPN/g	500 MPN/g
		金黄色葡萄球菌	3	1	100 MPN/g	500 MPN/g
		沙门氏菌	3	0	0	0
	中式香肠、板鸭、生火腿、金华火腿	细菌总数	5	2	5×10^5	10^7
		粪大肠菌	5	2	20 MPN/g	100 MPN/g
		金黄色葡萄球菌	5	2	100 MPN/g	250 MPN/g
		沙门氏菌	5	0	0	
		金黄色葡萄球菌毒素	5	0	不得检出	

第八章 益生菌的生理功能及应用

本章将重点放在益生菌的生理功能及应用上,将着重介绍益生菌与肠道健康、益生菌与免疫、益生菌的抗血压以及益生菌的降胆固醇作用。

第一节 益生菌与胃肠道健康

人体胃肠道是人体的第二大脑,它的健康状况影响着人体的喜怒哀乐。[①]健康人的胃肠道内栖居着数量庞大、种类繁多的微生物,这些微生物统称为肠道菌群。[②] 处于理想状态的动物是在消化道内有特定量的有益微生物,以维持消化道内的平衡和养分的消化吸收;但是在生理和环境应激时,则会造成消化道内微生物区系紊乱,病原菌大量繁殖,出现临床病态。因而益生菌在维持肠道菌群平衡乃至胃肠道健康中起着决定性的作用。

人体胃肠道是益生菌定植并发挥作用的主要场所,益生菌在肠道微环境中进行代谢活动,影响人体的食物药物成分代谢、细胞更新、免疫反应等诸多生理活动。

有研究表明,乳酸杆菌素(Acidophillin)、双歧菌素(Bifidin)等对葡萄球菌、梭状芽孢杆菌、沙门菌、志贺菌等有拮抗作用。罗伊氏乳杆菌会产生罗氏菌素(Reuterin)的抗菌物质,能阻止革兰氏阳性菌、革兰氏阴性菌、酵母及真菌的增殖。在体外试验中,植物乳杆菌产生的细菌素可以抑制单增李斯特菌(L. monocytogenes)的生长。干酪乳杆菌、乳酸乳球菌、枯草芽孢杆菌等在体外都能产生细菌素,能抑制Hp(幽门螺杆菌)的生长。其中,枯草芽孢杆菌产生的细菌素属于抗菌素类中异香豆素的 animocumacins 类似物。

Candela 等人分别研究了乳杆菌和双歧杆菌对肠道上皮细胞的作用,研究结果表明,嗜酸乳杆菌 Bar13、植物乳杆菌 Bar10、长双歧杆菌 Bar33 和乳酸双歧杆菌 Bar30 都可与鼠伤寒沙门菌(S.typhimurium)和大肠杆菌 H10407 等致病菌竞争 Caco-2 细胞株上皮细胞表面的结合位点。

周方方等研究了干酪乳杆菌 LC2W 和 Hp 对 MKN-45 细胞共培养时的

---

①目前,"胃肠道健康"没有明确的定义,根据 1948 年 WHO 对"健康"的定义,建议用更加详细的内容来代替"无疾病状态"。

②肠道菌群按一定的比例组合,各菌间互相制约、互相依存,受饮食、生活习惯、地理环境、年龄及卫生条件的影响而变动,在质和量上形成一种生态平衡。

竞争、排除和替代作用,结果表明,LC2W 可以竞争 Hp 的黏附位点,发挥竞争性的占位效应,保护了细胞膜的完整性,使宿主细胞免受损伤。

第二节 益生菌与免疫

益生菌对免疫系统的调节机制还没有完全研究清楚,但是人们普遍认为它们是通过竞争肠道内的营养成分、干扰致病菌在肠道内的定植(定植排斥)、竞争肠道上皮细胞结点、产生细菌素、降低结肠 pH 以及对免疫系统的非特异性刺激来调节免疫系统的。益生菌能够刺激宿主对微生物致病菌的非特异性抵抗力,并帮助宿主将病原菌从体内清除。益生菌可以通过稳定肠道微生物环境和肠道屏障的通透性来缓解炎症。益生菌的作用机制包括通过改善肠道免疫球蛋白 A(IgA)和炎症反应来提升免疫屏障功能,还能通过改善肠道通透性和调整肠道菌群的组成加强非免疫性肠道防御屏障。

一、免疫应答的主要类型

为了更有效地应对微生物感染,免疫系统必须一直处于一种"报警"状态,而这一状态则是通过"免疫刺激"过程来保持的。免疫功能本身的作用机制非常复杂,并具有多重功能,需要应对由不同抗原引发的免疫应答,既可能是细胞免疫,也可能是体液免疫或者兼而有之,所引发的免疫应答的类型由抗原的特性所决定。在体液免疫反应中,辅助性(CD4)T 淋巴细胞通过抗原呈递细胞表面的 Ⅱ 类主要组织相容性复合(MHC)蛋白识别致病菌的抗原复合体,并产生相应的细胞因子,这些细胞因子会激活 B 细胞,再产生能与抗原特异性结合的抗体。这些 B 细胞经过克隆增殖并分化成浆细胞,然后产生特异性免疫球蛋白(抗体)。分泌出来的抗体与入侵微生物表面的抗原相结合,中和毒素或者病毒,促使它们被吞噬细胞吞噬,从而提高宿主的防御能力。

在细胞介导的免疫应答中,抗原与 MHC Ⅱ 蛋白的复合体可以被辅助性(CD4)T 淋巴细胞所识别,而抗原与 MHC Ⅰ 类蛋白的复合体可以被细胞毒(CD8)T 淋巴细胞所识别。这些活化的 CD4 细胞和 CD8 细胞的数量对维持细胞免疫应答十分关键。当 CD4 和 CD8 的比例失去平衡后,细胞免疫的机能就会受到严重的影响,从而大大增加被感染的概率,并引发自身免疫疾病甚至肿瘤。各种类型的 T 细胞都能产生细胞因子被激活,并能通过克隆增殖而增加数量。细胞因子是宿主防御反应过程中产生的可溶性介质,包括特异性和非特异性,作为效应分子在消除外来抗原的过程中扮演着极为重要的角色。

CD4T 细胞根据其分泌的细胞因子和生理效应可以分为三个亚簇,分别

是 Th1 细胞(这类细胞能分泌促炎细胞因子 IL—2、干扰素 IFN—γ、肿瘤坏死
因子 TNF—β)、Th2 细胞(此类细胞能产生抗炎细胞因子 IL—4 和 IL—5,还
能为 B 细胞的活化、IgE 和非补体结合的 IgG 亚型的分泌提供有力的帮助),
以及 Treg 细胞(该类细胞调节过敏性免疫反应)。

　　免疫系统由一系列复杂的免疫应答所组成,其中包括两种基本的免疫应
答方式,即先天性免疫(innate immunity)和获得性免疫(acquired/adaptive im-
munity),在两者的共同作用下,可以保护机体免受来自外部和内部的侵害。
先天性免疫具有遗传性,以非特异性的方式保护宿主免受其他微生物的感
染。先天性免疫既不能提前发生,也不能克隆扩增,同时不会随外界环境的
改变而做出反应。先天性免疫的特点是不会赋予宿主持久的免疫力,作为宿
主的第一道防线,以自然杀伤细胞(NK)为主要代表,参与对被攻击目标(病
毒感染的细胞、肿瘤细胞、骨髓干细胞、胚胎细胞)的识别和裂解。

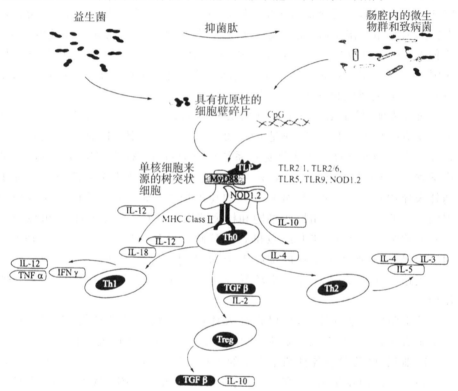

图 8—1　在消化道中,益生菌及肠道菌群被识别的过程及对免疫调节作用的示意图

　　益生菌在消化道(GIT)中,对消化道黏膜被识别以及对肠道菌群的影响
过程可以概略为图 8—1,主要有两条通路,即益生菌的菌体成分(肽聚糖、磷
壁酸)被消化道黏膜相关淋巴组织(GALT)的固有层通过病原相关分子模式

(Pathogen Associated Molecular Pattern,PAMP)进行识别,其主要受体为 Toll 样受体(Toll—Like Receptors,TLRs),促进树突细胞向不同方向分化,并分泌相应的细胞因子。同时还可以通过产生有机酸降低肠道的 pH 或分泌具有抗菌作用的各种肽如细菌素等,调节其他细菌的种类和数量,减少这些细菌尤其是致病菌对 GALT 的刺激作用。kyd88(myeloid differentiation factor 88)是 Toll 样受体信号通路中的重要转导蛋白,对调控机体的先天性免疫和获得性免疫发挥着关键的作用。

二、益生菌对免疫系统的刺激作用

动物试验研究表明,采用益生菌干预后,能在宿主体内产生强烈的先天性免疫反应。益生菌与宿主的上皮层相互作用后,将免疫细胞召集到感染部位并诱导产生特异性免疫指标物质。Lactobacillus paracasei subsp. paracasei DC412 与 BALB/c 近交繁殖小鼠(体重 20~30 g)或者 Fisher—344 近交繁殖大鼠的细胞相互作用后,能形成空泡组织,从而诱导早期的先天性免疫反应。这种先天性免疫反应的特征包括多核细胞(PMN)的召集,吞噬作用和肿瘤坏死因子—α(TNF—α)的产生。在上述动物模型中,对 Lactobacillus acidophilus 1748 NCFB 的研究也获得了相同的结果。

研究表明,给 BALB/c 小鼠食用 Lactobacillus casei 能够激活参与先天性免疫反应的免疫细胞,其特征是 CD—206 和 toll 样受体(TLR)—2 细胞的特异性标志物的增加。先天性免疫系统可以通过 TLRs 来识别致病菌的多种化学物质,如脂多糖(LPS)和脂磷壁酸。这种机制可以使先天性免疫系统识别外来异物并触发一连串、级联放大的免疫应答,如产生各种促炎和抗炎细胞因子。TLRs 主要是由巨噬细胞和树突状细胞(DCs)来表达的,也可以由多种其他的细胞来产生,如 B 细胞和上皮细胞。TLRs 被激活后,首先启动 DCs 的反应,后者会产生一系列的细胞因子,并且上调或者下调 DCs 细胞表面分子的表达。这些信号对进一步诱导先天性和获得性免疫应答起着关键的作用。

益生菌作为膳食补充,可以提高人体细胞免疫的部分功能,尤其是在老年受试者中,其特征表现为激活巨噬细胞、自然杀伤细胞、抗原特异性细胞毒 T 淋巴细胞,以及促进各种细胞因子的表达。Bifidobacterium lactis HN019 是研究最为广泛的益生菌,研究显示,它能增强 T 淋巴细胞、PMN 细胞(多型核白细胞 polymorphonuclear leukocyte)的吞噬作用以及自然杀伤细胞的活性。在 Gill 的研究中,给 30 位老年健康志愿者(年纪范围为 63~84 岁,平均 69 岁)服用含有 Bifidobacterium lactis HN019 的牛奶 9 周后,发现总的辅助(CD4+)T 淋巴细胞和被激活的(CD25+)T 淋巴细胞以及自然杀伤细胞(NK

细胞)的总数都明显的增加,而在总的 T 淋巴细胞中,经染色后呈 CD8$^+$(MHC I−限制性 T 细胞)和 CD19$^+$ 细胞(B 淋巴细胞)以及人体内白细胞抗原包括 HLA−DR$^+$(表面携带 MHC II 类分子的抗原呈递细胞)阳性的细胞比例在整个试验过程中保持不变。

三、益生菌免疫调节作用的途径

获得性免疫的建立是通过机体与环境的相互作用而获得的。人类作为哺乳动物,已经演化出极其复杂的获得性免疫系统,无论是系统性还是局部性免疫系统,如黏膜。黏膜免疫体系可以被看作是机体的第一道防线,可以减少系统性免疫的开启频率,其主要通过炎症反应清除异物的入侵。作为机体的第一道防线,黏膜免疫是保护机体免受致病菌入侵的中枢。黏膜免疫系统由物理部分(黏膜)、分子部分(各种抗菌蛋白)和细胞部分组成,通过协同作用阻止微生物入侵机体。消化道免疫系统通常被称为与肠道相关的淋巴组织(GALT),存在于其中的树突细胞(DC 细胞)是益生菌及肠道共生菌群发挥免疫调节的关键。DC 细胞可以被不同的乳杆菌属细菌激活。GALT 是机体最大的淋巴组织,组成了宿主免疫系统的重要组成部分。免疫排斥和免疫抑制即口服耐受,共同作用的结果构成了黏膜免疫(图 8−2)。

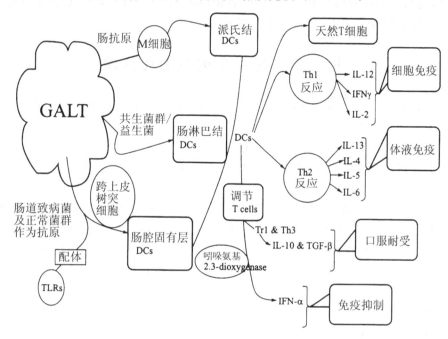

图 8−2 消化道黏膜相关淋巴组织(GALT)在免疫调节中的功能

肠道上皮细胞在维持耐受和免疫的自平衡之间发挥着重要的作用。

免疫系统通过干扰肠道微生物在黏膜表面的定植来调节肠道菌群,反过来,细菌的组分和代谢产物又会影响免疫系统的活性。免疫调节的机制包括黏液的产生,乳酸菌信号对巨噬细胞的激活,分泌型 IgA 和中性粒细胞的激活,阻止炎性因子的释放,提高外周免疫球蛋白的量。分泌型 IgA 与蛋白质的分解有关,同时不参与炎症反应。因此,它更重要的是与免疫排阻和渗透微生物相关。

肠道上皮细胞直接与肠道微生物接触,并且在免疫防御机制中起到了重要的作用。它们表达的黏附素分子对于 T 细胞的归宿(极化)和其他免疫细胞发挥免疫调节功能具有重要的作用。研究结果表明,益生菌的存在对免疫系统是有益的,可以通过影响肠道上皮细胞表达的识别受体的类型起作用。益生菌可以直接或间接地通过改变肠道微生物的组成或间接影响肠道微生物的活力来影响机体的免疫功能。它们可以通过增加表达 IgA 的细胞数量和肠道特定部位细胞因子产生细胞的数量来增强肠道黏膜免疫系统。部分益生菌,包括乳杆菌属和双歧杆菌属,可以增加 IgA 的产量。肠道黏膜免疫的某些功能只能被活的益生菌激发。Gill 等研究表明,当受到霍乱毒素刺激的小鼠,只有活的 L.rhamnosus HN001 可以增强肠道黏膜抗体的数量。同时,他们也发现活的和热灭活的 L.rhamnosus HN001 都可以增加血液和腹腔巨噬细胞的吞噬活力,并且存在剂量效应。

第三节　益生菌的抗血压作用

益生菌是指"以活菌形式摄入足量以后、对宿主健康有确定的促进作用、组成明确的微生物",符合益生菌特征的微生物有多种,但在食品中使用的主要是乳杆菌(Lactobacillus)和双歧杆菌(Bifidobacterium),目前已报道的益生菌的作用包括减缓腹泻、改善肠易激综合征(IBS)、减缓乳糖不耐症和抗菌作用等。

根据血压的高低,可以将成人(18 周岁以上)的血压可以分成 4 种类型。正常血压是指收缩压(SBP)不高于 120 mmHg 和舒张压(DBP)不高于 80 mmHg,早期高血压则定义为收缩压(SBP)为 120~139 mmHg 和舒张压(DBP)为 80~90 mmHg;进行性高血压 1 期是指收缩压(SBP)为 140~159 mmHg 和舒张压(DBP)为 90~99 mmHg;进行性高血压 II 期则是指收缩压(SBP)高于 160 mmHg 和舒张压(DBP)高于 100 mmHg;当收缩压/舒张压超过 115 mmHg/75 mmHg 时,发生心脏病和梗死的风险会显著增加。

高血压可以是原发性的,也可以是次发性的。原发性高血压通常是指在诊断时无明确病因，通常占所有高血压案例的 95% 以上，次发性高血压则通常是因为怀孕、失眠、柯兴综合征（Cushing's syndrome，由血液中皮质醇水平增高导致血压上升）、肾功能异常和部分药物的副作用引起的。尽管原发性高血压的病理还不清楚，但多种因素会导致原发性高血压，如高胆固醇血症、糖尿病、生理性肾素（renin）产生过多以及性激素失调等。

高胆固醇血症和肥胖与原发性高血压密切相关，在瘦素（leptin，一种调节体重、代谢的蛋白类激素，由肥胖基因编码）的作用下，交感神经系统的过度活跃，可以改变血液中脂肪的组成，通过引起外周毛细血管的收缩以及增加钠在肾小管的再吸收，从而升高血压。胰岛素抵抗和损害由内皮素（endothelium）引起血管扩张，从而也会引起高血压。胰岛素抵抗可以通过妨碍胰岛素的血管扩张作用，或者通过由胰岛素抵抗引起的高胰岛素血症来上调交感神经及利钠肽受体（antinatriuretic）的活性来升高血压。原发性高血压还与血液中肾素的浓度相关，后者是一种酸性蛋白酶，在血管舒缓素（kallikrein）的作用下，从没有活性的前提——原肾素加工而来，当血液中的钠离子缺乏或 β_2- 受体（β_2- receptors）受到醛甾酮（aldosterone）的刺激就会被释放。肾素主要通过在肾素—血管紧张素体系中将血管紧张素原（angiotensinogen）水解成没有活性的血管紧张素 I 来发挥作用，血管紧张素 I 在血管紧张素转化酶（Angiotensin-Converting Enzyme，ACE）的作用下进一步转化成血管紧张素 II，后者引起血管扩张，诱导醛甾酮的释放，从而导致血液中钠离子浓度升高和血压上升。此外，血液中激素如雌激素（estrogens）、孕酮（progesterone）和醛甾酮（aldosterone）组成的失衡，也会诱发高血压。

尽管益生菌主要是改善消化道健康，但最近的研究表明，益生菌对其他最终可能导致高血压的代谢性疾病也表现出非常重要的作用。本节将重点论述益生菌通过调节血液内脂肪的组成、胰岛素、肾素和性激素的代谢来阐述益生菌的抗高血压作用。

一、益生菌通过调节血脂代谢发挥抗高血压作用

血液总胆固醇水平偏高无论是在发达国家还是在发展中国家都很普遍，无论是成人、青少年还是儿童，高血压通常与高胆固醇血症（或血脂异常）和肥胖相关。高血压患者通常呈现以高密度脂蛋白（HDL）形式存在的胆固醇浓度很低，但三酰甘油水平很高。换句话说，与血脂正常的男女相比，高胆固醇血症的个体更容易出现高血压。当总胆固醇水平超过 6.4 mmol/L 时，出现高血压的概率剧增。高胆固醇血症会加剧心脏输出负担，增加周围血管的抗性，从而使血压升高。因此，脂质代谢异常是高血压的主要诱因之一。体外及体内的研究结果表明，益生菌可以降低血清胆固醇，改善血脂的组成，从

而降低高血压的发病风险。

　　Mann 和 Spoerry 首先报道了采用天然来源的乳杆菌制备的发酵乳具有降低血液胆固醇的作用。越来越多的研究证据表明,不仅乳杆菌具有降胆固醇血症的作用,当血液中胆固醇升高时,双歧杆菌也表现出优异的降低血清胆固醇的作用。其原因是胆固醇的合成和吸收主要出现在小肠,因而肠道菌群对宿主的脂质代谢具有重大的影响。益生菌可以改善宿主脂代谢异常,如降低血清胆固醇水平、增强低密度脂蛋白的抗氧化性等,从而降低血压。

　　关于益生菌降胆固醇和/或控制胆固醇代谢的机制目前有多种假说。其中之一是通过益生菌的同化作用移除胆固醇。益生菌在小肠内对胆固醇的同化作用可以减少其被吸收,从而降低血清胆固醇的水平;益生菌必须活着到达肠道并且进行生长,才能达成同化胆固醇的作用。在另一项体外研究中,处于生长过程的 Bifidobacterium sp. 可以将含有胆盐的培养液中的胆固醇通过同化的方式移除;A loglu 和 Oner 等的研究结果则表明,益生菌不仅可以在水性介质中以同化的方式移除胆固醇,在半固体基质中如稀奶油和黄油中也具有此作用。

　　在体外试验中,L.acidophilus 不仅可以通过同化的方式移除介质中的胆固醇,还可以采用将胆固醇吸附到菌体细胞表面的方式来完成。这一结论建立在休止及死亡的 L.acidophilus 细胞也具有移除介质中胆固醇的能力的基础上;休止及死亡的 Lactococcus lactis subsp. lactis bv. diacetylactis N7 在体外也具有将胆固醇吸附到细胞表面的作用。Tahri 等早先报道,胆固醇可以非常紧密地结合在益生菌的细胞表面,在 B.breve ATCC 15700 所移除的胆固醇中,在菌体细胞经过反复洗涤和超声处理后,有 40% 的胆固醇从细胞上被抽提出来。此外,研究表明,部分益生菌可以产生胞外多糖(EPS),这些胞外多糖包裹在细胞表面,具有吸附胆固醇的作用。在更早的时候,Kimoto－Nira 等指出,胆固醇被吸附到细菌细胞表面,是由这些细菌细胞壁的肽聚糖的化学组成和结构所决定的,肽聚糖所含有的多种氨基酸有助于胆固醇被吸附到细菌细胞表面。

　　另外,有研究者提出,益生菌将胆固醇整合进细胞膜可能是另一种从溶液中移除胆固醇的方式。Razin 发现,介质中的大多数胆固醇都被整合到细胞膜中,尤其是完整细胞的外膜更容易被胆固醇进入。与完整的细胞相比,整合到原生质体膜上的胆固醇是细胞的 2 倍,证明胆固醇更容易被细胞膜结合。在此之前的研究中,Noh 等报道,Lactobacillus acidophilus ATCC 43121 对胆固醇的摄入仅出现在细胞生长过程中,不过这些被吸收的胆固醇大部分都没有被降解。因此,他们曾提出 Lactobacillus acidophilus ATCC 43121 对胆固醇的移除作用也与生长过程中细菌细胞膜对胆固醇的整合有关。此外,

Liong和Shah等研究了双歧杆菌在生长过程中是否存在胆固醇时,细胞脂肪酸组成的差异。与胆固醇不存在时相比,在胆固醇存在的条件下培养的细菌细胞饱和脂肪酸的总量少,不饱和脂肪酸的含量更高,这来自于胆固醇整合到细胞膜而不是因为细胞合成的差异所引起的,因为当乳酸菌在脂质丰富的环境中生长时,会丧失合成脂质或脂肪酸的能力。在小肠中被生长的细菌菌体整合到细胞中的胆固醇不容易被吸收进入肠肝循环,从而导致机体内血清胆固醇的减少。

另一种推测即降血脂机制与部分益生菌的去结合胆盐的酶活性有关。将结合胆盐解离成去结合胆盐来自于胆盐水解酶的作用(BSH),在该酶的作用下,结合胆盐上的甘氨酸和/或牛磺酸被解离下来,形成游离的氨基酸和游离胆酸。对哺乳动物而言,结合胆盐的解离作用可以发生在小肠或者大肠。结合胆盐的解离作用确切发生的部位跟哺乳动物的种类有关。例如,小鼠体内微生物对结合胆盐的解离作用从小肠就开始了,但对人而言,是从回肠的末端开始,在大肠内结束。BSH在肠道内多种微生物如乳杆菌和双歧杆菌内都存在。在早期的研究中,L.reuteri CRL 1098的胆盐移除作用被证实与其胆盐水解酶的活力密不可分,后者将结合型胆盐上的酰胺键打开,释放出游离的胆酸和相应的氨基酸。在肠道中,结合胆盐主要有两种类型,即牛磺酸胆汁(Taurine-Conjugated Bile)和肝胆酸(Glycine-Conjugated Bile),BSH对结合胆盐的解离作用见图8—3。

结合型胆盐因为具有高的亲水性,容易被消化道吸收,而游离胆酸与结合型胆盐相比,溶解性较差,不容易被重吸收进肠道,更容易随粪便排出。在这种情况下,需要合成新的胆酸来弥补损失的部分,由于胆固醇是体内从头合成胆酸的前提,导致血液中胆固醇的浓度降低。

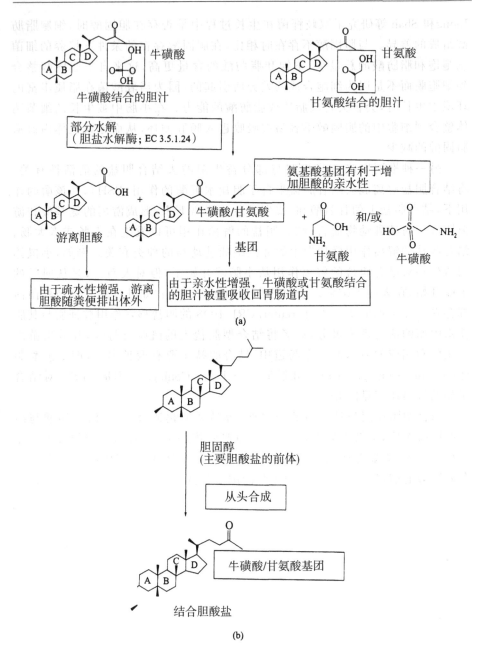

图 8－3　BSH 对结合胆盐的解离作用

（a）结合型胆盐在肠道内经过胆盐水解酶（BSH，EC 3.5.1.24）的作用，水解成游离胆酸和氨基酸。游离胆酸具有较高的疏水性，随粪便被排出体外；（b）当体内结合型胆盐浓度不足时，胆固醇可以作为前提，在肝内从头合成胆酸，再进一步形成结合型胆盐。

二、益生菌通过改善糖尿病症状,减少糖尿病共生性高血压的发生

糖尿病和高血压是共生性疾病,在部分患者中通常同时出现。在 Gress 等进行的一项对 12 550 成人的大规模人群调查中,与正常血压人群相比,高血压患者中 2 型糖尿病的发病率是前者的 2.5 倍。相似地,最近的调查表明,与非糖尿病人群相比,糖尿病患者得高血压的比率接近前者的 2 倍。但是,大(1)型糖尿病患者中,出现高血压的概率较低,大约 30% 的 1 型糖尿病患者会出现高血压。

胰岛素抵抗、糖尿病和器质性高血压之间的关系非常复杂。胰岛素抵抗从本质上而言,是机体的组织如骨骼肌、肥胖组织以及肝等对血液中的胰岛素的生物学和生理效应造成损害,而器质性高血压占无明确病因高血压患者的 90%~95%。Lind、Bente 和 Lithell 等认为,25%~47% 的高血压患者同时伴有胰岛素抵抗或葡萄糖耐受低下等症状,Sowers、Epstein 和 Frohlich 等观察到,与正常血压个体相比,未接受治疗的器质性高血压患者具有更高的空腹血糖及餐后胰岛素水平。因此,与血压正常者相比,器质性高血压个体更容易发生糖尿病。

糖尿病和高血压是导致主管综合征及微管综合征的风险因子,因此,采取强有力的措施来控制血压及血糖对于降低高血压性糖尿病患者的发病率和死亡率同等重要。市场上的抗高血压药物品种繁多,但并不是所有的种类都会对高血压性糖尿病患者有益。因此,需要找出新的治疗方法,在有效预防或减少高血压与糖尿病发病的同时,能最大限度地降低治疗的不良副作用。摄食益生菌是一种新的治疗手段,可以预防或延迟糖尿病的发生,进而减少高血压的发生。

出现胰岛素抵抗的后果往往会导致糖尿病性血脂异常,其典型特征是血浆总胆固醇、低密度脂蛋白胆固醇和极低密度脂蛋白(VLDL)胆固醇浓度的增高,在多种体内模型中,益生菌可以有效地降低血清胆固醇水平,进而改善胰岛素抵抗的现象。有研究者提出,食用益生菌可以减少胰岛素抵抗的发生,进而减少与糖尿病密切相关的高血压症状的发生。

在前期研究的基础上,有人提出一种假说,认为糖尿病的发生与个体长时间食用高脂食物导致的不良炎症反应有关(图 8-4)。

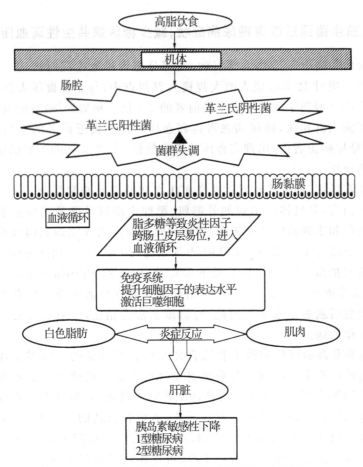

图8—4　长期摄入高脂食物可能诱发糖尿病发生的示意图

三、益生菌对肾素—血管紧张素系统的调节作用

血压是由多个不同的,但又彼此相互作用的生化途径所控制的。血压最典型的调控方式与肾素(renin)—血管紧张素系统(RAS)有关,该途经需要血管紧张素转化酶(Angiotensin-Converting enzyme,ACE)的参与。肾素—血管紧张素系统(RAS)调节血压、体液和电解质平衡。肾素是一种酸性蛋白酶,在血管舒缓素(kallikrein)的作用下,从没有活性的前提——原肾素加工而来。当钠缺乏或 β_2 —受体受到醛甾酮(aldosterone)刺激时,肾素就会被释放。在肾素—血管紧张素系统中,肾素水解血管紧张素原,释放出没有活性的血管紧张素 I。血管紧张素 I 在 ACE 的作用下被水解掉一个二肽,释放出血管紧张素 II,后者是一种强力血管收缩剂。产生的血管紧张素 II 可以反过来抑制

肾素的活性。血管紧张素Ⅱ会引起血管的收缩和诱导醛甾酮(aldosterone)的释放,从而导致钠离子浓度升高和血压上升。ACE引起血压上升的另一方面原因是可以使缓激肽(brandykinin)失活,后者是一种血管扩张剂。ACE在肾素—血管紧张素系统中的作用见图8—5。因此,在肾素—血管紧张素系统中,ACE通过调节血管紧张素Ⅱ和缓激肽的浓度,从而主导血压的调控。

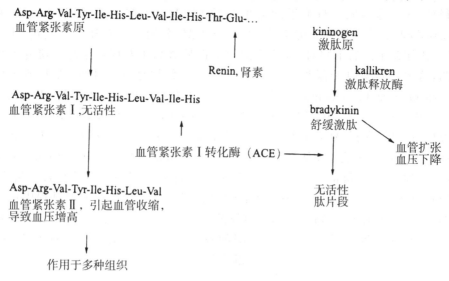

图8-5　血管紧张素Ⅰ转化酶(ACE)对血压的调节作用

在血压控制中,抑制ACE的活性是一种非常重要的临床指标。ACE抑制剂可以通过减少血管紧张素Ⅱ的生成和抑制舒缓激肽被降解从而达到降血压的作用,ACE抑制肽通常以无活性的形式存在于亲体蛋白中,但可以在微生物的作用下被释放出来。因此,发酵是一种非常有效的制备生物活性肽的方法。ACE抑制肽可以利用不同的微生物,从多种发酵食品中获得,如干酪、发酵乳、发酵豆奶和酸奶。

除了酸奶菌种和干酪发酵剂外,益生菌在发酵乳的过程中可以产生多种生物活性肽。益生菌因为拥有可以分解酪蛋白的蛋白水解体系和分解乳糖的酶,所以,可以在乳中生长。在发酵的过程中,益生菌的蛋白酶可以水解乳蛋白,释放出多种ACE抑制肽,达到降血压的作用。多项研究的结果表明,*Lactobacillus helveticus*在乳中生长后,可以从酪蛋白中释放具有抗高血压作用的ACE抑制肽Val—Pro—Pro(VPP)和Ile—Pro—Pro(IPP)。

迄今为止,大多数关于益生菌抗高血压作用的研究来自于通过发酵食品的方式,释放各种生物活性肽,如在肾素—血管紧张素系统(RAS)中具有关键性作用的ACE抑制肽。因此,益生菌的抗高血压作用可以通过将益生菌作为发酵乳的附属发酵剂而获得。越来越多的体外及体内研究结果证实了益生菌的抗高血压作用,Donkor 等研究了多种乳酸菌及益生菌的蛋白水解作用,以及这些细菌单独在乳中生长时其产物对 ACE 的抑制作用,结果表明,Bifidobacterium longum 和 Lactobacillus acidophilus 的产物对 ACE 的抑制活性来自于生长过程中。这一结论被 Ong 和 Shah 的研究结果所支持,后者发现采用乳球菌(Lactococci)和益生菌制作的 Cheddar 干酪在成熟的过程中可以释放 ACE 抑制肽。与不添加益生菌的 Cheddar 干酪相比,添加 L.casei 和 L.acidophilus作为附属发酵剂的 Cheddar 干酪,分别在 4 ℃和 8 ℃成熟 24 周后,添加益生菌的干酪对 ACE 的抑制活性显著高于对照组干酪。研究者推测,这种差异来自于添加益生菌后蛋白水解作用增强。此外,在其他采用 L.rhamnosus、L.acidophilus 和 Bifidobacteria 制作的发酵食品如酸奶、干酪和发酵乳中也可以获得 ACE 抑制肽。最近的研究结果表明,豆奶采用益生菌发酵后,也可以获得 ACE 抑制肽。Ng 等研究了部分益生菌在以豆腐为主要介质中的生长特性及生物活性,不同的 L.fermentum 和 L.bulgaricus 菌株都表现出一定的蛋白水解活性,并生成对 ACE 具有抑制作用的生物活性肽。此外,Fung 分析了 L.acidophilus 在豆乳清(在豆腐凝块分离、压榨成型过程中产生的水溶液)中的生长特性,认为经过发酵的豆乳清对 ACE 的抑制作用来自 L.acidophilus 的蛋白酶活力,而且发酵的豆乳清对 ACE 的抑制活性与 L.acidophilus 的生长状况存在紧密的正相关性。

四、益生菌和体内食物来源植物雌激素的代谢

目前有充分的研究证据显示,不同性别在调控血压的生理机制方面存在差异,表明高血压还与性激素的失衡相关。在女性中,高血压通常容易出现在停经后的女性人群中,这些女性由于对血压具有调节作用的卵激素的分泌减少,从而出现主动脉血压较高。不同性别对血压调控的差异及高血压的发生过程可以证实性激素在此过程中的作用,即在女性中,雌激素对高血压的发生具有保护作用,而在男性中,由于缺乏雌激素的有力保护作用,在雄激素(androgen)的作用下,甚至出现加剧的现象。在性激素中,雌激素和黄体酮(progesterone)具有抗高血压作用,可以拮抗睾丸酮的致高血压作用,后者可以通过直接影响血管、肾和心细胞,或间接地通过体液因子发挥致高血压作用。

雌激素对高血压的正向调节作用在动物及人体试验中得到了充分的支持。因此,在停经的女性或高血压男性患者中,经常采用激素替代疗法来缓解高血压症状。不过,在因手术导致停经的女性中,雌激素替代疗法对这些女性的血压不能产生持久性的血压降低作用。利用食物来源的植物雌激素是一种通过雌激素方式调节血压的天然替代方式,而益生菌可以提高这些植

物雌激素的效果。

　　植物雌激素是一类天然的雌激素类物质,在许多方面具有与雌二醇(estradiol)相似的特征,包括结合到体内雌激素受体所需要的苯环结构。由于与哺乳动物雌激素在结构上有诸多的相似性,在体内,大豆异黄酮(isoflavanoids)可以参与雌激素的作用途径,在血管中诱发类似雌二醇的反应。大豆异黄酮的这种类雌激素作用已广为人知,在美国30%的女性中将其作为传统激素替代疗法的另一种选择。异黄酮、异黄酮类和哺乳动物来源的雌二醇及雌激素在化学结构上的相似性见图8-6。异黄酮与雌激素的这种结构相似性,赋予异黄酮对多种与激素相关的病症具有保护作用,包括更年期综合征、心血管疾病。这些异黄酮常见于豆科植物中,如大豆。含有异黄酮的大豆全蛋白,可以在绝经后的女性中引发显著的血管扩张作用。

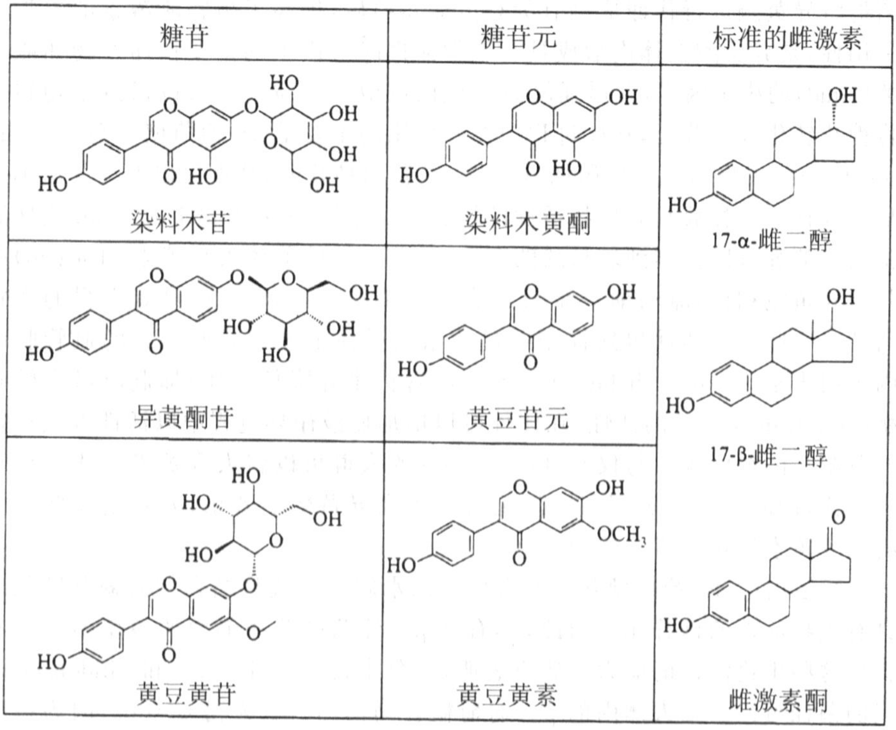

图8-6　天然的糖苷、活化糖苷元及标准的雌二醇的化学结构

　　肠道菌群或者益生菌可以很容易地将豆科植物,如大豆来源的糖苷类异黄酮,包括金雀异黄素染料木素(或染料木素,genistein)和大豆黄素(daidzein)水解成具有生物活性的糖苷元。与天然的糖苷相比,异黄酮糖苷元因为亲水性更高、分子量更小而被吸收得更快、量更多。大豆蛋白中的异黄酮有相当一部分会被消化,在被肠道菌群进行生物转化后被吸收,并进入肝循环,其在

血液内的浓度可以比正常的雌激素高出几个数量级。因此，与雌激素相比，尽管其与雌激素受体的亲和力较低，其作用强度大约是雌二醇的 1/3，但因为其在血浆内的浓度高，仍然可以引发一系列的生理效应。研究结果表明，在摄入异黄酮后，在血液内总的雌二醇的水平会增高。在人体内发挥生物学效应所需要的植物雌激素的阈值为 30～50 mg/d，该浓度可以通过在饮食中适量地增加大豆蛋白而很容易达到。Kano 等的研究表明，与以大豆豆浆形式摄入的情况相比，异黄酮糖苷元可以更快地被吸收，而且吸收的量更多。很自然地，与其他国家相比，摄入较多的大豆及豆浆给日本国民的健康带来了良好的作用。有数据表明，与同年龄段相比，日本男性血浆中植物雌激素的水平是芬兰男性的 7～110 倍。

植物雌激素在人体内的生物可利用性受到肠道菌群的重大影响。肠道菌群将异黄酮进行代谢成糖苷元（aglycones）后，提高了植物雌激素的生物可利用性，是异黄酮在体内形成具有生物活性时所产生的重要代谢产物如雌马酚（equd）的决定因素，并增强雌激素代谢的效果。益生菌可以通过生物转化将糖苷转化成糖苷元，在此过程中发挥作用的主要是 β—葡萄糖苷酶（β—glucosidase）。正是因为益生菌拥有的是 β—葡萄糖苷酶，从而可以取代肠道细菌从大豆食物中释放具有生物活性的糖苷元。采用部分 Bifidobacterium 菌株制备的发酵乳可以检测到雌马酚的存在，与雌马酚的前体大豆黄素（daidzein）或其他异黄酮相比，雌马酚对雌激素受体的亲和力更高，因而具有更强的生物活性。这些生物活性包括抑制通过雌激素受体依赖方式所产生的血管收缩因子内皮素—1（endothelin—1），导致血管扩张并降低血压；抑制雌激素转硫酶（sulfotransferase）的活性，在体外可以增加血液循环过程中以活性方式存在的雌激素的浓度等。与仅有 30％～50％的人群可以将大豆黄素转化为雌马酚相比，同时摄入异黄酮和益生菌可以提高异黄酮的效果，尤其是那些不能将大豆黄素转化为雌马酚的人群。

肠道内的 β—葡萄糖苷酶通常可以以水解的方式将结合型的糖苷转化成具有生物活性的糖苷元。因此，具有产 β—葡萄糖苷酶能力的益生菌也具有释放这些生物活性的能力。研究表明，部分来自 Lactobacillus 和 Bifidobacteria 属的菌株可以增强人体内的 β—葡萄糖苷酶活力。在发酵豆浆中，因为益生菌的这种水解酶的作用，糖苷元的生物可利用性得到提高，从而使异黄酮的吸收效率升高。因此，与未发酵的大豆豆浆相比，发酵后的豆浆含有更多具有生物活性的糖苷元，从而可以发挥更大的生理作用。

已有的研究结果表明，大豆食品经过益生菌发酵后，可以提升其异黄酮糖苷元的浓度。在 Chien 等进行的关于在发酵豆浆中异黄酮类植物雌激素的转化的研究结果表明，豆浆经过 S.thermophilus 和 B.longum 发酵后，异黄酮糖苷元(如金雀异黄素、大豆黄素和黄豆黄素 glycitein)的浓度增加 100%,而相应的糖苷的浓度减少 50%~90%。此外,Pham 和 Shah 等也发现,大豆豆浆经过部分 Bifidobacterium 菌株发酵后,发酵豆浆中,具有生物活性的糖苷元的浓度从未发酵豆浆中的 8%提升至 50%左右,与此同时,马来酰、乙酰化及总糖苷的浓度在豆浆被 B.animalis 发酵后,都出现大幅度下降,分别有 50%、60%和 85%非水解。因此,对于高血压人群而言,食用经过益生菌发酵、富含异黄酮糖苷元的豆制品是一种非常有效的控制血压的途径。

机体对异黄酮吸收的效率可以通过检测尿液中该化合物的排出予以验证。同时,食用益生菌 Lactobacillus rhamnosus GG 和大豆可以将尿液中总异黄酮及单个异黄酮的排出量减少 40%,表明摄入大量的益生菌(10^{12}CFU)增强了异黄酮的水解作用和/或阻碍了异黄酮被降解,从而增加了异黄酮的生物可利用性及在血液中的浓度。在另一项研究中,Kano 等让 12 名健康志愿者分别食用未处理的大豆豆浆、β—葡萄糖苷酶水解后的豆浆以及经过益生菌发酵的大豆豆浆,然后检测食用不同处理的大豆豆浆对血液内异黄酮浓度的影响。与未经过处理的大豆豆浆相比,食用经过 β—葡萄糖苷酶水解后的豆浆或者经过益生菌发酵的大豆豆浆后,志愿者血液内很快就出现异黄酮浓度显著上升。研究者得出的结论是,大豆豆浆中的异黄酮糖苷元比相应的糖苷更容易被吸收,而且被吸收的量更多。同时,所摄入的大豆豆浆的类型会影响异黄酮在体内的代谢过程。

迄今为止,关于益生菌通过影响植物雌激素代谢从而发挥对高血压的正向调控作用,所取得的结果令人鼓舞。多数研究的结果表明,益生菌通过提高异黄酮的生物可利用性来发挥作用,但不同菌株之间存在着显著的差异,即益生菌的作用具有菌株特异性。与传统的采用人工合成的激素替代疗法相比,对于控制绝经后女性的高血压及其他绝经后的综合征,益生菌与植物雌激素的组合是一种更好的选择,可以避免传统激素替代疗法所引起的不良副作用,如乳腺癌发病风险增高、情绪不稳以及失眠等。

综上所述,益生菌可以通过多种方式发挥抗高血压作用,但还需要采用更大规模的人群样本、采用更严格的试验设计来进一步验证益生菌在人体中的作用,尤其是益生菌对肠道菌群组成的影响与高血压的发病机制之间的关系。值得重视的是,在部分体型偏瘦的人群中,也会出现器质性的高血压,益生菌对这部分人群的抗高血压的作用机制还有待阐明。

第四节　益生菌及高胆固醇血症

一、益生菌降胆固醇机制

自从发酵乳在人体内显示出潜在的降胆固醇功效以来,越来越多的研究者开始关注益生菌在这方面的应用。

体外试验显示,益生菌能够从培养基中去除胆固醇,其可能的机制如下:

(1)乳杆菌和双歧杆菌能够通过消化、吸收,从发酵培养基中去除胆固醇。

(2)经过热灭活的细胞和不生长的细胞同样能去除胆固醇,说明益生菌可能通过细胞表面结合的方式去除胆固醇。

(3)细胞经过含有或不含胆固醇的培养基培养后,气相色谱法分析显示,细胞膜中脂肪酸含量差异较大,说明可能是通过细胞膜摄入来去除胆固醇的。

动物试验同样显示益生菌具有降胆固醇的功效,其可能的机制如下:

(1)胆固醇的去除,可能与胆盐水解酶分解胆汁以及胆固醇与胆汁分解物的共沉淀有关。在人和哺乳动物中,胆固醇排除的主要途径是粪便。在分泌到消化道之前,初级胆盐是在肝脏中,以胆固醇为前体合成的,并以共轭胆盐的形式存储在胆囊中。胆汁去共轭后形成游离的胆盐,亲水性降低,导致其在肠腔中吸收较少,大部分进入粪便中。为了维持生理稳定,肝肠循环中损失的胆盐,需要通过合成新的胆汁来进行补偿,这样就能降低血清胆固醇的含量。

(2)胆固醇的浓度降低还可能与益生菌改变肠道有机酸(如乳杆菌和双歧杆菌能够产生乳酸、乙酸等)的浓度有关。

(一)胆盐水解酶降胆固醇作用

益生菌之所以能降低血清胆固醇水平,主要是由于某些菌株能够产生胆盐水解酶(Bile salt hydrolase,BSH,EC 3.5.1.24),水解胆盐。消化道中的许多菌株均可以产生胆盐水解酶,包括乳杆菌、双歧杆菌、肠球菌、梭菌和拟杆菌等。在消化道致病菌(如单增李斯特菌)和条件致病菌(如粪肠球菌和嗜麦芽黄单胞菌)中也检测到 BSH 酶活力。在益生菌中,很多菌与胆盐水解酶相关的基因仅有 1～2 个,如 Oh 等人在 Lactobacillus acidophilus PF01 中发现一段 bsh 基因,并成功在大肠杆菌中进行异源表达;Kim 等将 Bifidobacterium fidum 中的 bsh 克隆表达后,发现它与其他类双歧杆菌编码 BSH 酶的基因不同,是一单顺反子。而 Lambert 等人的研究表明,Lactobacillus planta rum WCFSl 中发现了 4 个胆盐水解酶活性相关基因 bshl、bsh2、bsh3、bsh4，而 bshl 对胆盐水解酶起主要作用。任婧等人从 Lactobacillus plantarum ST Ⅲ 中克隆到 4 个 bsh 基因，经过在大肠杆菌中过表达，对这 4 个基因进行了功能鉴定。结果显示，这 4 个酶具有不同的底物亲和力，其中 bshl 催化活性最高。bsh 基因克隆的成功构建，为利用基因工程菌进行胆盐水解酶酶学特性的研究和胆盐水解酶降胆固醇机制打下了良好的基础。

迄今为止，关于乳酸菌中胆盐水解酶活力和分布的研究主要是由 Tanaka 等人完成的，其研究超过 300 株乳酸菌中胆盐水解酶的表达水平，不仅包含双歧杆菌属和乳杆菌属，还包括乳酸乳球菌、肠膜明串珠菌和嗜热链球菌。在 300 多株菌株中，筛选到 273 株属于双歧杆菌和乳杆菌的菌株具有 BSH 酶活力，但是在乳酸乳球菌、肠膜明串珠菌和嗜热链球菌中并未检测到。乳杆菌作为最常见的益生菌，其大多数菌株都存在 BSH 酶活力。Schillinger 等人在嗜酸乳杆菌（Lactobacillus acidophilus）和约氏乳杆菌（Lactobacillus johnsonii）的所有菌株中都检测到 BSH 酶活性，但并没有在所有的干酪乳杆菌（Lactobacillus casei）中检测到。

益生菌产生的 BSH 酶，通常存在于胞内，有氧不敏感性，最适 pH 一般在 5～6。该酶能够催化初级胆盐——甘氨酸和牛磺酸结合胆盐水解成氨基酸残基和游离胆盐（胆酸），这也是胆盐在肠道中生物转化的第一步反应。分解过程主要是胆酸与氨基酸之间连接键的酶水解。BSH 酶属于胆酰甘氨酸水解酶家族，不仅能够识别氨基酸侧链，也能识别胆盐的类固醇核心。大多数 BSH 酶催化甘氨酸结合胆盐比牛磺酸结合胆盐的效率更高。通过检测胆酸释放，嗜酸乳杆菌和干酪乳杆菌的 11 株菌株被用于筛选其胆盐去共轭能力。结果显示，由甘氨胆酸钠去共轭释放出的胆酸比牛黄疸酸钠去共轭释放出的胆酸更多。De Smet 等人观察到，植物乳杆菌中的 BSH 酶偏好水解甘氨酸脱氧胆酸（GDCA），而不是牛磺酸脱氧胆酸（TDCA）。他们还证实 GDCA 比 TDCA 的毒性更高，这是由它们的弱酸或强酸性质决定的。在双歧杆菌中，BSH 酶对于甘氨酸结合胆酸的底物亲和力比牛磺酸结合胆酸更高。5 株双歧杆菌中，所有的 BSH 酶对于甘氨酸结合胆酸的去共轭速率也比牛磺酸结合胆酸更高。另一方面，Jiang 等人证实了 BSH 酶在 8 种乳杆菌中存在多样性。特别是瑞士乳杆菌（Lactobacillus helveticus）、发酵乳杆菌（Lactobacillus fermentum）和鸡乳杆菌（Lactobacillus gallinarum）具有分解牛磺酸结合胆盐的功能，而不能分解甘氨酸结合胆盐。然而，有研究人员报道，分解牛磺酸结合胆盐酶活过高，并不是益生菌的优良特性，因为它会导致产生硫化氢。有证据显示，BSH 酶的底物亲和力是由胆盐的类固醇核心结构决定的。布氏乳杆菌（Lactobacillus buchneri）JCM 1069，一株人类肠道分离菌，显示出针对牛磺脱氧胆酸(TDCA)的水解酶活力,而不能水解牛磺胆酸(TCA),尽管二者仅在7α位的类固醇基团有所差别。

益生菌通常具有多种BSH酶活性,其优势在于能够保证菌体在不同环境下得到最大的存活率。因为每一种BSH酶都能对不同组成的胆汁发挥作用,使得菌体在胆汁环境中存活不同时间。Lactobacillus acidophilus NCFM产生两种BSH酶,是由bshA和bshB基因编码而来的,具有不同的底物亲和力。而植物乳杆菌中具有4个bsh基因,过表达和敲除bsh基因显示,只有bshl负责大部分的BSH酶活力,而bsh2、bsh3、bsh4在这些菌株中似乎是保守的,具有重要的生理意义。在另一项试验中,比较了几株具有高BSH酶活的菌株(包括植物乳杆菌、嗜酸乳杆菌和加氏乳杆菌)中的7个bsh基因,结果显示,LA−bshA、LA−bshB、LG−bsh和LP−bsh1基因编码的BSH酶具有较高的同源性(高于45%),而LP−bsh2、LP−bsh3和LP−bsh4这些不编码BSH酶的基因,具有较低的相似度(低于26.3%)。微生物基因组分析显示,许多益生菌菌株内都含有预测的、同源的bsh基因。但是在不同种属之间,这些基因的结构和调控是不同的,而且bsh基因能够以单顺反子和多顺反子两种形式转录。通过逆转录PCR和Northern blot试验,证实双歧杆菌属中bsh基因转录成多顺反子。大多数双歧杆菌中的胆盐耐受性菌株显示出相似的遗传结构,同一个操纵子中含有bsh和其他2个基因。虽然没有明显的证据显示这3个蛋白具有功能上的相关性,但是可能暗示着胆盐耐受性与BSH酶及一些转运蛋白有关。Elkins等人发现,Lactobacillus johnsonii 100−100表达2种具有显著差别的BSH酶(BSHa和BSHb),其中编码BSHb酶的cbsHb基因、cbsT1部分基因和完整的共轭胆盐运输蛋白基因cbsT2共同组成一个操纵子。他们还分析了人体内Lactobacillus acidophilus KS−13的cbsHb基因的DNA序列,发现该菌株中含有cbsT1、cbsT2和cbsHb基因,与菌株100−100中的DNA序列的相似度分别达到84%、87%和85%,而在这些基因的两端则缺乏相似度,说明bsh基因具有一定的水平性。许多体内试验已经证实了不同基因在肠道细菌间的水平转移。通过细胞与细胞接触发生的DNA接合转移,在许多乳酸菌中都已经被发现。

BSH酶的主要作用是胆汁解毒和保证益生菌在消化道中的存活。试验显示,BSH酶活部分下降的嗜淀粉乳杆菌,比生长速率明显降低。Dussurget等人证实,在单核细胞增生李斯特菌中敲除bsh基因会导致菌株对胆汁抗性的下降和减少菌株在肝脏的定植。BSH酶还有其他功能,如从胆盐中水解得到氨基酸,作为能量来源或者用于提高细胞膜的防御功能。

鉴于含BSH酶菌株的健康功效,FAO/WHO纲要中将BSH酶活作为食品中益生菌评价的一大指标。然而也有报道指出,微生物的BSH酶活对于人体宿主具有潜在的危害性。游离胆酸经肠道微生物的多步 7α－脱羟基反应分解后,形成次级胆酸——脱氧胆酸(DCA)和石胆酸。众所周知,次级胆酸能够在肝肠循环中积累到一个相当高的水平,由此会导致结肠癌、胆结石及其他消化道疾病。结肠癌病人的血清脱氧胆酸水平明显高于健康受试者,然而结肠对于 DCA 的吸收量不仅依赖于 7α－脱羟基的速率,也依赖于保留时间、肠腔 pH 和渗透性。Takahashi 等人证实,益生菌中最常见的乳杆菌和双歧杆菌并不能通过脱羟基反应来分解胆盐。在他们的试验中,乳杆菌、双歧杆菌、乳球菌和链球菌属的受试菌株都无法将胆酸转化为脱氧胆酸或 7－酮基脱氧胆酸。另一项研究显示,嗜酸乳杆菌中也未检测到 7α－脱羟基酶的活力。通过选择不能分解胆盐的益生菌,可以有效避免其 BSH 酶活所带来的副作用。

总之,BSH 酶降胆固醇的作用主要分为两个方面。一方面,BSH 酶通过胆盐去共轭反应降低了胆盐溶解度和吸收率,经粪便排出大量的游离胆酸,导致需要将更多的胆固醇从头合成胆酸,从而导致血清胆固醇的减少(图8－7)。

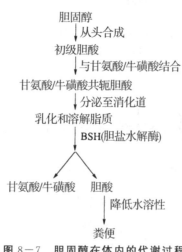

图 8－7 胆固醇在体内的代谢过程

另一方面,由于胆固醇在水中是微溶的,其吸收依赖于胆酸的可溶性。胆盐去共轭后能够降低胆固醇的溶解度和吸收效率,同时抑制了胆固醇微团的形成,从而减少肠道中的胆固醇吸收,导致血清胆固醇水平降低。在 Klaver 等人的研究中,发现在 pH 低于 6.0 时,去共轭胆盐与胆固醇发生共沉淀。研究者由此得出结论,当胆盐发生去共轭,并且 pH 由于肠道内菌体产酸而下降时,胆固醇微团就会变得不稳定,导致胆固醇与游离胆酸共沉淀。Al Saleh 等人证实,在所有受试的嗜酸乳杆菌、双歧杆菌和嗜热链球菌中,通过向培养基中添加 0.2% 的胆盐,能够去除更多的胆固醇,并且是通过沉淀去除的。另有试验显示,当 pH 低于 5.0 并且存在胆盐时,两歧双歧杆菌能够去除胆固醇;当用 pH 为 7 的磷酸缓冲液洗涤菌体时,又能恢复部分被去除的胆固醇。

然而,经过试验发现,并非所有具有高去共轭活性的菌株都能去除胆固醇。甚至有试验发现,胆固醇去除与胆盐去共轭之间并无相关性。这就意味着除了 BSH 酶的作用,还存在其他去除胆固醇的机制。

(二)短链脂肪酸降低胆固醇

食物中不可消化的糖类,经过人体肠道中益生菌的发酵,能够产生短链脂肪酸,如乙酸、丙酸和丁酸等。其中,乙酸不仅是脂肪生成的底物,也是胆固醇合成的前体,因而能够促进胆固醇合成,这是由于胆固醇与其他长链脂肪酸一样,是通过乙酰辅酶 A 合成的。乙酰辅酶 A 先转变成中间产物——甲羟戊酸,随后经过二十多步的反应,转变成胆固醇(图 8-8)。

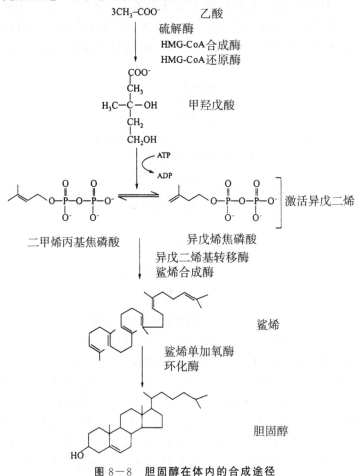

图 8-8 胆固醇在体内的合成途径

　　而丙酸恰好相反。丙酸能够增加葡萄糖生成,降低胆固醇浓度。因此,能够产生较多丙酸的底物,如果聚糖(包括菊粉和寡果糖),能够降低血脂。Yamashita 等人研究了果聚糖降低糖尿病人血清胆固醇的潜在应用。结果显示,每天摄入寡聚果糖 8 g,能够显著改善糖尿病人的糖脂代谢紊乱。而通过观察雄性 Wistar 大鼠试验,Liong 和 Shah 同样指出,通过短链脂肪酸确实能够改变脂代谢,从而降低血清胆固醇水平。这一点通过其他证据也能证实,如血清胆固醇水平与盲肠内丙酸浓度呈负相关,与粪便中乙酸浓度呈正相关等。

二、益生菌降胆固醇的动物试验与临床研究

　　许多动物试验和临床研究都显示出益生菌具有降胆固醇的功效。动物体内试验显示,对猪喂食约氏乳杆菌和罗特氏乳杆菌,能够导致血清胆固醇的降低。对于大鼠和小鼠分别喂食益生菌混合物和罗特氏乳杆菌,同样观察到血清胆固醇降低的现象。大鼠经喂养含有加氏乳杆菌的非发酵乳,表现出血清总胆固醇、低密度脂蛋白—胆固醇和胆酸的下降,而高密度脂蛋白—胆固醇水平有所升高。Ha 等人从人的粪便中分离得到一株具有高 BSH 酶活的 Lactobacillus plantarum CK102,并且显示该菌株能够降低白化封闭群大鼠的总血清胆固醇、LDL 胆固醇和三酰甘油水平。其他类似试验也显示出许多益生菌的降胆固醇和降三酰甘油的能力,包括婴儿粪便中分离得到的 Lactobacillus plantarum PH04、Lactobacillus plantarum NRRL B—4524、副干酪乳杆菌,从中国西藏酸乳酒中分离得到的 Lactobacillus plantarum MA2、Lactobacillus plantarum 9—41—A 和 Lactobacillus fermentum M1—16,以及在发酵苹果汁中常见的丘状乳杆菌 jcml123 等。Xie 等人发现,经 Lactobacillus plantarum 9—41—A 和 Lactobacillus fermentum M1—16 处理的大鼠,除了血清胆固醇之外,肝脏的胆固醇和三酰甘油水平,以及肝脏的脂肪沉积也会显著减少。为了研究益生菌对预防高胆固醇血症的作用,Taranto 等人在诱导小鼠产生高胆固醇血症之前,连续 7d 对其喂食罗伊氏乳杆菌 CRL1098。另外,还尝试了喂食低浓度的益生菌细胞(10^4 个细胞/d)。结果显示,即使在如此低剂量的情况下,罗伊氏乳杆菌对于预防小鼠产生高胆固醇血症仍然有效。Xiao 等人研究发现,含长双歧杆菌的发酵乳不仅能在大鼠中降低血清总胆固醇、低密度脂蛋白—胆固醇和三酰甘油,而且对高胆固醇血症患者和健康人群同样有效。研究对象为 32 名受试者,其中 16 人仅饮用经嗜热链球菌和德氏保加利亚乳杆菌发酵的酸乳,作为对照;而另外 16 人,其酸乳中额外添加长双歧杆菌 BL1.8 名摄入长双歧杆菌 BLl 的受试者和 1 名对照出现了血清总胆固醇含量下降的现象。具有中度高胆固醇血症(血清总胆固醇含量240 mg/dL)的

受试者也表现出明显的血清总胆固醇下降,意味着长双歧杆菌 BL1 具有潜在的改善血脂的能力。

在绝大部分高胆固醇血症的受试者或动物试验中,服用益生菌后均表现出能够使高于正常水平的血清胆固醇下降的功效。在临床试验中,通过随机、双盲和安慰剂对照的交互试验,证实发酵乳中的 Lactobacillus acidophilus L1 能够显著降低高胆固醇血症人群的血清胆固醇水平。同样,Schaarmann 等人对患有高胆固醇血症的女性进行了观察,发现摄入含有嗜酸乳杆菌和长双歧杆菌的酸乳后,LDL－胆固醇和三酰甘油的浓度都有所下降。

三、益生菌给药新方法

一般认为,益生菌必须在作用部位保持活性,才能起到益生效果。因此,除了筛选菌株,还需要做大量的试验来提高益生菌的存活能力。传统的方法是将益生菌进行固定化,包括海藻酸钙和卡拉胶等。这些方法能够提高冷冻保存的存活性,但是许多凝胶包埋的方法都具有酸敏感性。另一种方法是将益生菌进行微胶囊化,这是食品工业中的一种重要方法。胶囊化是包埋物质的一种理化方法和机械过程,能够使颗粒达到几纳米到几毫米。大多数情况下,人们采用天然的生物大分子,如海藻酸、卡拉胶或结冷胶等,对益生菌进行胶囊化。试验证实,海藻酸凝胶胶囊化技术,能够很好地保证益生菌在极端酸性和胆汁环境下的存活率。近年来,已有多种含胶囊化益生菌的食品上市。常用的益生菌食物载体有酸乳、乳酪、冰淇淋和蛋黄酱等。然而益生菌添加入食物的范围受到限制,原因在于食物环境的不适宜(如低 pH 或具有竞争性的微生物)和非最佳保存条件。如今,益生元和纤维素常用作益生菌的保护剂。真空注入和热风干燥技术的结合是一项提高益生菌存活率的新技术。通过这项技术,能够获得一种具有充足微生物含量的、低湿度的、稳定的益生菌效果。另外,乳蛋白是一种生物活性大分子的天然载体,其结构和理化特性完全符合递送系统的要求。酪蛋白酸凝胶和凝乳酶诱导的凝胶,常用于益生菌的胶囊化。乳蛋白具有绝佳的缓冲能力,能够提供益生菌抵御胃酸环境的极好保护。

益生菌配方具有降胆固醇血症的功能已得到越来越多的报道。Kumar 等人证实,胶囊化的产 BSH 酶的 Lactobacillus plantarum Lp91,确实能够降低大鼠的血清胆固醇和三酰甘油水平。Bhathena 等人通过对仓鼠进行微胶囊化益生菌配方的连续 18 周灌胃,证实其血清胆固醇、LDL 胆固醇水平和动脉硬化指数确实比对照组低,并且将从布氏乳杆菌 ATCC400 5 中分离得到的 BSH 酶,固定化在 0.5% 的结冷胶中,通过口服喂食具有高胆固醇血症的 Wistar 大鼠,证实能够降低血清胆固醇和三酰甘油水平。以上结果说明,口服固定化酶能够起到降低血清胆固醇水平的药理作用。

　　尽管上述方法经证实能够提高益生菌在肠道中的存活率,并延长其在食品中的保质期,但是人们仍需考虑,益生菌是否需要以活性状态到达作用位点,并且服用活的微生物是否具有风险。已有证据显示,热致死、紫外失活的益生菌,甚至仅仅是益生菌的一部分,同样能起到益生效果,对宿主还更安全。试验显示,Lactobacillus plantarum TN635 的发酵上清液能够抑制许多致病性革兰氏阴性菌和真菌的生长,其抗菌成分是一种对热、表面活性剂和有机试剂稳定的蛋白质。在另一项比较抑制致病菌黏附 Caco－2 细胞的试验中,活菌与热灭活的嗜酸乳杆菌表现出类似的效果。随着该领域研究的不断深入,必将产生利用益生菌降低胆固醇水平的全新治疗方法。

四、展望

　　虽然大多数研究宣称益生菌具有降胆固醇功效,但是并不是所有的研究均支持这一结论。在评估益生菌或含益生菌产品降胆固醇功效的体内试验中,得到了不一样的结果。产生这些矛盾的试验结果与诸多因素有关,可能与试验设计有关,缺乏统计意义,样本数量不充足,试验中对于营养摄入和能量支出的控制不够,或是血脂基础水平的变化,等等。Simons 等人使用了双盲、安慰剂对照和平行试验,共有 46 名胆固醇水平升高(≥4 mmol/L)的志愿者参加。试验结果显示,受试者每天两次服用发酵乳杆菌胶囊(每颗胶囊含有 $2×10^9$ CTU),连续十周,并未观察到三酰甘油、总胆固醇、低密度脂蛋白—胆固醇、高密度脂蛋白—胆固醇在统计学上的显著变化。同样,Jahreis 等人在香肠中注入副干酪乳杆菌,也没有观察到健康受试者血脂水平的变化。益生菌的种类和添加量、受试者的年龄和性别、起始胆固醇水平、试验周期等方面的差别,使得试验结果比较困难重重。

第九章　益生菌分子遗传学与基因工程

　　随着近年来比较基因组学的迅猛发展,利用分子生物学手段对益生菌进行的研究也越来越多。分子遗传学是遗传学的分支学科,它是在分子水平上运用遗传工程技术研究微生物基因的结构和功能的学科。分子遗传学主要的研究内容是基因的本质,它是通过引入外源 DNA 或其他人工修饰对微生物基因组直接操作,改变了生物基因组本身的结构和特性。

　　益生菌在食品中的应用非常广泛,是很重要的工业型菌株。有关益生菌分子遗传学方面的研究,目前研究的热点是乳酸菌和双歧杆菌。益生菌的进化树如图 9－1 所示。

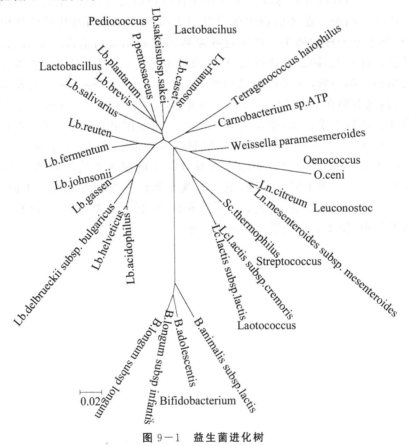

图 9－1　益生菌进化树

第一节　LAB 遗传分析——基因转移

20 世纪 50 年代就已经开始了益生菌的遗传学研究。不论是对哪种生物进行基因操作都离不开有效的基因转移手段。基因水平转移是指生物将遗传物质传递给其他细胞,而不是其子代生物。

对于益生菌的基因组进化过程,基因水平转移也有重要的意义。益生菌的遗传物质的水平转移通常有三种方式:转化、接合以及转导。

一、转化

在自然界遗传转化的过程中,一种细菌的细胞会释放 DNA,然后另一种细菌会将其摄入,这个过程经由同源重组的方式完成。细菌在达到感受态时才能完成这一过程,完成对外源 DNA 的摄入。

关于感受态最初的研究主要集中在肺炎链球菌和致龋变形链球菌这两株会发生自发转化的菌株中。在这两种细胞中,感受态生物发展需要经过两个阶段。在早期阶段,关于感受态的形或主要与 comABCDE 五个相关基因有关。根据 Prudhomme 等人 2006 年的研究以及 Perry 等人 2009 年的试验结果,发现由 comC 编码的一段活性肽,在成熟后通过 ABC 转运系统转移到胞外,负责诱发感受态状态。这种活性肽的产生与细胞生长环境的压力信号有关,同时也与细胞密度相关。这一成熟的肽段通过对 comD 基因编码的组氨酸激酶作用,使得磷酸化调节因子编码基因 comE 可以调节 comABCDE 以及 comX 基因。而 comX 基因编码 RNA 聚合酶的核心部分,可以识别后期与感受态状态有关的基因启动子区域。而后期的基因才是对转化事件负主要责任的基因,它们与外源 DNA 的摄入相关,与保护单链 DNA 及与寄主细胞基因组同源重组密切相关。

作为酸奶与干酪发酵的主要菌株,嗜热链球菌在食品工业中的地位举足轻重。基于此,科学家们着力在其中寻找天然 DNA 转移系统,通过引入食品级的突变,期望以此来改善工业发酵剂的特性。

Hols 等人通过比较基因组学的研究表明,在嗜热链球菌中存在 comX 基因及其他与获得感受状态密切相关的基因。Blomqvist 等人 2006 年的研究中描述了嗜热链球菌菌株 LMG18311 中存在一种快速有效的自发转化体系。他们进行了 comX 基因的过表达,从而诱发感受态后期。这一过表达发生在特殊培养条件(Todd－Hewitt 培养基)的对数期早期。在 LMG18311 中,comX 基因和 comEC 基因对于转化十分重要。同时,comEC 基因的表达需要 comX 基因的参与。在 2009 年关于 LMD－9 菌株的研究中这一发现也得以证实,敲除 comX 基因和 comEC 基因的突变株无法转化。在最新的一些研究中,Fontaince 提出了在某种明确的培养基中关于感受态状态发展的模型。comS 基因编码的小肽产生、成熟并经由 AmiA3 底物结合蛋白分泌,通过 Ami 转运系统被运输并与其激活的调控因子相作用,这一被激活的调控因子与 comX 和 comS 的操纵子序列相结合。

Wydau 等人 2006 年的研究发现,在 Lactococcal 乳酸链球菌基因组里存在感受态相关基因,然而在实验室条件下,乳球菌中这种自发的转化过程并不常见,在乳杆菌中,这样的感受态近年来也少见报道。

二、接合

接合又称为接合作用、细菌接合,指的是两个细菌之间发生的一种遗传物质交换现象。在接合现象发生时,DNA 通过两个细胞直接接合或者通过类似于桥一样的通道接合,并且发生从供体到受体中的基因转移,这也属于基因自发转移的一种。这种现象是在 1946 年被 Joshua Lederberg 和 Edward Tatum 所发现的,1979 年,在对乳球菌的质粒转移中被正式提出。这使得在某种菌株内的特性可以通过完全自发的方式转移到另一株菌株。乳球菌的商业价值很大程度体现在其质粒的特性上。因此,这也提供了一种获得优良特性遗传工程选择性菌株的方式。在乳球菌的质粒上存在很多特性,如乳糖的摄入及代谢相关特性、蛋白酶及肽酶产物、信号肽摄入、噬菌体抗性(包括限制性修饰系统、顿挫型感染等)、重金属抗性、柠檬酸代谢等。

大多数的抗性基因都位于可移动的遗传因子上,因为在细菌之间抗生素抗性转移过程中,接合被认为是最主要的 DNA 转移方式。大多数的抗性基因都位于可移动的遗传因子上。接合转座子代表了一类抗生素耐药性转移过程中重要的工具,这类元素可以从供体基因组上通过接合的方式移动到受体基因组上。接合可以通过接合质粒发生,也可以通过非接合质粒与接合质粒的共接合作用发生。

食品工业中所用的乳酸菌以及对人类健康有积极作用的益生菌都是很好的抗生素抗性基因水平转移的潜在对象及优良候选菌。它们经过消化道的严苛条件后仍然可以存活下来,可以通过自然的方式与其他生物接触。更重要的是,乳酸菌体内存在与基因水平转移相关的可移动的遗传因子,如质粒或是接合转座子。

遗传信息的转移通常对受体是有益的。例如,获得抗生素耐药性,或者获得其他的特异性以应对环境变化。这种对受体有益的质粒可以被视作内共生生物。然而从别的方面来看,细菌的寄生和接合可以作为细菌的一种进化方式使它们得到个体的繁衍与基因的扩散。接合常与一些高效重组的性别因子相关。L.lactis 乳酸乳球菌 712 内的性别因子被研究得最为彻底。除了与 DNA 转移的基因相关,含有Ⅱ型内含子以及导致凝集表型的 cluA 基因被认为与高频次的接合发生有关。性别因子从染色体上转移到质粒上也与 ISS1 型 IS 因子有关。

接合试验常常在体外开展,大多时候采用滤膜接合法。因为这些体外试验不能真正代表自然发生的接合条件,所以无法与采用体内模型的试验结果对比。2009 年,Toomey 等人采用体内模型,包括一株紫花苜蓿发芽植物以及动物瘤胃模型,证实了乳酸菌中抗性决定因子的转移。在此之前,乳酸菌体内的转移只在无菌大鼠的肠道内被证实过。Feld 等人在植物乳杆菌中也报道红霉素抗性基因在体外及体内模式下都能发生转移。无菌大鼠的试验表明,肠道的条件比通过滤膜进行抗生素抗性转移更有效。

像接合转移这样,质粒从一种细菌中转移到另一种细菌中的过程虽然也是遗传工程的一种形式,但因其是自发的过程,并未引入现代生物技术,所以,它并未受转基因食品(Genetic Modified Foods,GM Foods)的限制约束。由于转基因食品在食品工业中的敏感性,尤其在欧洲,像这样的自发遗传重组技术十分有应用价值。

三、转导

另一种 DNA 转移的方式即为转导。其具体含义是指一个细胞的基因组片段或是质粒 DNA 通过噬菌体的感染转移到另一个细胞中。与转化和接合相比,转导方面的研究更多地集中在关于乳酸菌的基因转移方面。有报道在德氏乳杆菌乳酸菌亚种以及德氏乳杆菌保加利亚亚种内,可以发生通过 pac 型噬菌体介导的高通量的质粒转导。在 2008 年,Ammann 等报道,通过 cos 型质粒介导使得嗜热链球菌与乳酸乳球菌中发生跨种转导。这一现象表明嗜热链球菌与乳酸乳球菌所感染的噬菌体具有高度相似性。

第二节　LAB 遗传工程

如果说传统遗传工程技术给益生菌研究带来了巨大的商业应用价值,那么现代生物学技术则取得了更重要的成就。最近十多年来,益生菌分子生物学研究取得了长足的进步。随着益生菌各类表达调控元件的分离,相继发展了一批适用于益生菌的克隆载体、表达载体、整合载体。而由于大多数益生菌的研究都集中在食品科学领域,所以,具有食品级克隆表达系统的构建也是主要的探讨内容。

一、食品级载体系统的基本要素

由于乳酸菌应用的特殊性,这就要求其载体系统必须具有十分安全的特性。采用的选择标记、染色体组成型或控制基因表达范围,都必须满足食品级载体系统的几个基本条件。

(一)克隆表达载体本身具有安全性

食品级克隆载体与宿主菌类似,都具有安全性、稳定性、通用性和可鉴定性。因此,在微生物 DNA 已经被应用多年之后,才建立了表达系统。对基因构建体的遗传组成的确定需要采用序列分析、核酸分子杂交技术等分析生物学技术,使用的分类方法是先进的现代分类学鉴定法。为了满足载体系统的通用性要求,载体系统所建立的 DNA 序列应该满足三点要求:一是易于进行遗传操作;二是不能对宿主健康产生影响;三是小片段。

(二)载体本身能与食品共存,无抗生素抗性标记

作为食品级的载体,不得含有非食品级功能性 DNA 片段。为了选择适合的转化子并在基因改造后维持一定的选择压力,传统的乳酸菌载体都带有一个或多个编码特定抗生素(如红霉素、氯霉素等)抗性的基因。虽然这种选择压力对于筛选载体方便、有效,但将抗生素抗性基因投放到环境或人和动物体内,由于抗性因子的转移,将带来生物安全性的严量后果。为了防止使用抗生素抗性标记所引起的危害,最有效的办法是用对人体安全的食品级标记替代抗生素抗性标记以建立食品级选择性标记的载体。诱导物必须是食品级的,如乳糖蔗糖、嘌呤、嘧啶、乳链菌肽等可被人食用的物质。同时,也不能使用有害化合物(如重金属)作为载体系统的选择压力,即使载体系统对此化合物有抗性。

(三)可在工业范围或食品生产中应用

凡是应用于工业环境或食品生产的食品级载体系统都必须具备有效、低成本、快捷的特点。

(四)表达宿主必须具有安全性

食品级微生物的表达宿主需要具备安全、稳定、特性清楚的特点。目前具备这些特点的微生物有乳酸杆菌、乳酸球菌等,它们在食品工业中已经被应用多年。对于宿主菌的鉴定,我们必须采用先进的分类鉴定方法。宿主菌遗传物质的确定时,需要采用 DNA 序列分析、核酸杂交等分子技术手段。

二、食品级的选择标记

在向细胞引入特异性载体时,具有一个良好的选择标记十分重要。最常见的选择标记就是抗体抗性基因。它可以通过在选择培养基中添加相应的抗体,实现在目标寄主中筛选质粒的目的。这种方法在实验室中操作简单,表型清晰,然而这样的抗性基因的存在会加速环境细菌族群的抗生素抗性进化。对于复杂的肠道菌群来说,各种有益菌病原菌并存,对于食品研究以及环境应用来说,存在一定的问题。基于以上的原因,大量的食品级选择标记在实验室被成功开发。

(一)Nisin 抗性标记

Nisin 是一种小分子的抗菌肽,是由乳酸乳球菌产生的,在 1969 年被允许成为食品添加剂的一员。到目前为止,在食品行业里,Nisin 多被用作天然防腐剂。Nisin 在进入消化道后会被消化道内的蛋白酶分解,导致失去活性,不会影响肠道内菌群的正常生长繁殖,不会对人体产生危害。使用 Nisin 来筛选乳酸乳球菌转化子是最早的乳酸菌食品级抗性标记。

在 Nisin 的自动调节过程中,它可以诱导生物合成基因簇的转录,这个过程是借助双组分调节系统完成的。该双组分系统中的双组分是反应调节蛋白 NisR 和组氨酸蛋白激酶 NisK。

(二)热休克蛋白筛选标记

嗜热链球菌内有一个有 repA 和 shsp 两个开放阅读框的质粒,其中 shsp 对基因编码的最终产物是热应激蛋白。如果嗜热链球菌内的该质粒被去除,那么它在热和酸方面的抵抗能力将会大大地下降。如果利用克隆技术手段将这种基因移到另一种不含该基因的菌株中,那么这个菌株在 60 ℃和 pH 为 3.5 的条件下可以正常生长。通过上面的描述,我们可以想到,如果使用 shsp 作为标记构建质粒,那么筛选效率将会大幅度上升。

(三)糖类利用筛选标记

荷兰的 Posno 等把可发酵木糖的戊糖乳杆菌 MD353 染色体上的 xyl 基因簇克隆到大肠杆菌和乳杆菌的穿梭载体 pLP3537 上,得到重组质粒 pLP3537—xyl,再将其转入不能利用木糖的干酪乳杆菌 ATCC393 和植物乳杆菌 NCDO1193 中,结果转化子获得了利用木糖的能力,实现了载体的食品级标记。就我们所知道的糖类中,能被所有乳酸菌分解利用的是乳糖,而且目前我们对乳酸菌乳糖操纵子的研究已经取得了一定的成就,掌握的内容较多。MacCormick 将完整的乳糖操纵子整合到不含质粒的乳酸乳球菌

MG5276 的染色体上，通过双交换使 lacF 基因失活，产生 lac⁻ 表型。当将克隆有 lacF 基因的质粒导入 lacF 缺陷株时就恢复了 lac⁺ 表型。如果碳源只有乳糖一种，那么基因 lacF 就可以作为标记基因，起到筛选的作用。另外，有报道以磷酸化－β－半乳糖苷酶基因为标记基因构建了干酪乳杆菌、乳酸乳球菌和瑞士乳杆菌克隆载体。

（四）金属抗性筛选标记

pND302 是一个编码镉抗性的 8.8 kb 的质粒，该抗性决定子由 cadA 和 cadC 两部分组成。cadA 编码镉特异性酶，可以使镉离子由细胞内释放到细胞外，避免胞内锡离子浓度高而死亡。cadC 是编码转录调节蛋白。在此基础上发展的载体 pND919 是第一个应用到嗜热链球菌的食品级表达。pND306 是从乳酸乳球菌乳酸亚种 4252D 中分离出来的质粒，编码铜抗性。

以盐为诱导物的表达系统也较为常用。Sanders 等分离了一个氯化盐诱导型乳酸乳球菌启动子，并采用缺失作图、核苷酸序列分析和引物延伸鉴定了这个盐诱导启动子，并用该启动子成功表达了乳酸乳球菌 Cre 重组酶。利用乳酸菌发酵产乳酸，发展了 pH 诱导的表达系统。从乳酸乳球菌中分离到受 pH 调节的启动子。该启动子（P170）受低 pH、低温等因子的正调节。Madsen 等对其进行了缺失突变，结果使 P170 的 pH 诱导作用提高了 150 倍。此外，嘌呤、细菌素、抗金属离子和噬菌体等作为选择标记在乳酸菌的食品级表达系统中也有一定程度的应用。

尽管食品级的选择标记以细菌素、重金属抗性或金属元素缺乏互补为基础，经过遗传学改造的乳酸菌仍然没有在食品加工、食品产品中被引入，这也与广大消费者的传统选择观念及顾虑有关。另外，经遗传改造的乳酸菌在用于治疗方面有着广阔的前景，如近年来作为活疫苗或宿主方面已有不少报道。

三、食品级克隆系统

在过去的 40 年中，大量的益生菌质粒被发现、修饰以及转化为基因工程菌株载体。表 9－1 列举了来源于乳酸菌质粒的最有代表性的克隆载体。这些载体在一种乳酸菌中起源，又在另一种乳酸菌中复制，这说明了乳酸菌的种系相似性。而乳酸菌的质粒无法在 Bifidobacteria 中复制，反之亦然，则说明了这两类细菌在进化上的分离现象。表 9－2 列举了常见的食品级克隆载体。

表 9—1 益生菌来源的代表性克隆载体

载体	宿主来源	特性	大小/kb
pTRK159	嗜酸乳杆菌	pPM4 复制子;氯霉素抗性、红霉素抗性、四环素抗性	10.3
pAZ20	干酪乳杆菌	pNCDO151 复制子;氯霉素抗性、氨苄青霉素抗性	8.3
pJK355	弯曲乳杆菌	滚环复制;pLC2 复制子;氯霉素抗性	3.2
pDOJ4	德氏乳杆菌	θ 复制;lacZ;氯霉素抗性	13.3
pCAT	植物乳杆菌	pCAT 复制子;氯霉素抗性	8.5
pRV566	清酒乳杆菌	θ 复制;pRV500 复制子;红霉素抗性、氨苄青霉素抗性	7.3
pGK12	乳酸乳杆菌	滚环复制;pWV01 复制子;氯霉素抗性、红霉素抗性	4.4
pCI431	乳明串珠菌	滚环复制;pCI411 复制子;氯霉素抗性	5.8
pFBYC051	肠膜明串珠菌	θ 复制;pTXL1 复制子;氨苄青霉素抗性、红霉素抗性	5.6
pND913	嗜热链球菌	滚环复制;pND103 复制子;氨苄青霉素抗性、红霉素抗性	6.4
pUCB825	嗜盐四联球菌	θ 复制;pUCL287 复制子;红霉素抗性	6.9
pDOJHR	长双歧杆菌	θ 复制;p15A 复制子;氯霉素抗性	8.6

表 9—2 常见的食品级克隆载体

食品级载体	目标宿主	特性
使用异源基因		
pLP3537—xyl	乳杆菌,大肠杆菌	D—木糖代谢
pGIP 系列	乳杆菌,肠球菌	淀粉代谢
pLPEW1,pLPEW2	乳杆菌,大肠杆菌	菊粉代谢
pTRK434	乳杆菌	莴苣苦素代谢
pRAF800	乳球菌,片球菌	蜜二糖代谢
pLEB590	乳球菌,乳杆菌	乳链菌肽免疫(nisI)
pVS40,pFM011,pFK012	乳球菌,乳杆菌	乳链菌肽抗性(nsr)
pAH90	乳球菌	铬抗性(cadA)
pDBORO	乳球菌	5—氟乳清酸敏感性

续表

食品级载体	目标宿主	特性
pSMB74	片球菌	片球菌素抗性
pSt04,pHR mL	链球菌	热、酸抗性
pOCl3	乳杆菌,乳球菌,明串珠菌	纤维素代谢
互补标记		
pJAG5	乳酸乳球菌苏氨酸突变株	苏氨酸互补
pFGl	乳酸乳球菌嘌呤突变株	嘌呤互补
pFG200	乳酸乳球菌乳脂亚种嘧啶合成(pyrF)琥珀型突变	琥珀抑制基因(supD)
pNZ7120	乳杆菌和乳球菌丙氨酸消旋酶基因(alr)突变株	D—丙氨酸互补
pNZ2104 pNZ2105 pNZ2106,pNZ2107	乳酸乳球菌染色体缺失 lacF 基因	lacF 基因互补
pLEB600	干酪乳杆菌染色体缺失 lacG 基因	lacG 基因互补
pPR602	嗜热链球菌胸苷酸合成酶(thyA)突变株	thyA 基因互补
pFGl	乳酸乳球菌嘌呤合成基因中含有无义密码子	赭石校正基因(supB)
pSt04	嗜热链球菌缺少编码 shsp 基因质粒	小型热休克蛋白基因(shsp)互补
pVECl	乳酸乳球菌含有 pCOMI(regB 缺失型载体、红霉素抗性)	regB互补

四、食品级基因表达系统

(一)NICE 表达系统

乳酸菌食品级高效表达乳链球菌素 NICE 系统是一个乳酸菌中应用广、可控性强的表达系统。NICE 系统的构建基础是 Nisin 生物合成的自动调节机制。许多报道都证明了 NICE 系统在 LAB 中表达异源蛋白的多功能性和高效性,其诱导效率可超过 1 000 倍以上。由于 NICE 系统的诱导剂、宿主菌和载体都是食品级的,具有良好的安全性,所以在食品研究中有着良好的研究前景。

(二)乳糖诱导的表达系统

乳酸乳球菌的乳糖诱导表达系统很具有代表性。其 LacA 启动子不受乳糖分解代谢物阻遏,而是受到自我调节的 LacR 阻遏物的控制。这个表达系统被成功地用于破伤风毒素的表达,其表达量达到细胞总蛋白质的 22%。

(三)pH 诱导的表达系统

乳酸菌最主要的特征之一是产生乳酸。pH 诱导的表达系统是根据乳酸菌的产酸特点发展而来的。乳酸菌的依赖性启动子常会对其他的环境因子产生应答。在 0.5 mol/L 的 NaCl 存在下,这种诱导的表达系统活性可以提高到 1 000 倍以上。

五、代谢工程

代谢工程又称为途径工程,一般定义为通过某些特定生化反应的修饰来定向改善细胞的特性,或是利用重组 DNA 技术来创造新的化合物。它是指利用基因工程或分子生物学技术,通常改变生物体内化学反应的酶,将生物体内的代谢路径改变。代谢工程技术目前以微生物利用为主,改变工业微生物的代谢路径,生产出需要的化学物质。

对于益生菌的代谢工程研究通常也需要特异性失活某些感兴趣的基因。通过点突变的方法去除或替代某些 DNA 片段是目前常用的手段。这种方法需要利用特定的 DNA 片段同源重组,将目的片段插入靶向区域。它既可以采用单交换方式插入新的 DNA 片段,也可以用二次交换的方式代替原有的DNA。因在实际中,这种现象的发生率很低,所以也催生了对该项技术的改造。最简单的一种改造方式,即利用一种非复制质粒表达选择性标记。这种质粒在细胞内存活的唯一方式是同源重组。但是因为这种插入的频率很低,所以也需要良好的 DNA 转移能力。目前,这种方式在乳酸乳球菌中具有良好的效率,在其他的益生菌中效果并不显著。

另一种改良的方法是利用条件功能性质粒的复制子,使得质粒可以稳定地转移到细胞。但这种方式的问题是,一旦条件发生改变,含有该质粒的细胞便会被迫发生同源重组。例如,热敏感质粒复制子,pGhost 家族载体,在通常室温培养条件下可以稳定地在乳酸乳球菌中存在;然而当温度达到37 ℃以上,便进入不稳定状态。这种质粒可以通过在载体上引入特异性重组片段从而诱发点特异性 DNA 整合。它们也通过插入元件 IS 而被应用于随机的非同源重组整合。当宿主的生存温度达到并超过 37 ℃时,质粒通过 IS 元件发生随机整合。

六、过量生产风味物质

因代谢工程可以改变不同发酵终产物的量,所以有些预期产物便可以被定向增加。例如,在野生型乳酸乳球菌中,几乎所有的碳元素都被从其发酵底物转化为乳酸。如果使乳酸脱氢酶编码基因失活,从而阻止细胞丙酮酸转变为乳酸,细胞会将丙酮酸转化为其他终产物,如双乙酰、乙醛、3-羟基丁酮以及乙醇。

双乙酰也称丁二酮,是食品工业中重要的食品成分。它是酪乳中主要的风味物质,也可以使其他食物带有奶油风味。正因如此,食品企业会在人造黄油或类似食品终产物中添加双乙酰与3-羟基丁酮用以增香。通过失活乳酸脱氢酶以及α-乙酰乳酸脱羧酶编码基因,可以获得双乙酰过表达产物。另一种在其他食品中改变乳酸产量的方法,即在细胞中表达 NADH 氧化酶,这样减少了丙酮酸转化为乳酸时再合成 NADH 辅酶的需求,同时也增加了双乙酰与3-羟基丁酮的产量。

七、异源基因表达

益生菌中种类繁多的表达载体,为各种新型代谢产物的合成提供多样选择,同时也为乳酸菌中的基础研究奠定了坚实的基础。它们既有食品级的应用,也有非食品级的应用。

例如,牛链球菌中的表面锚定α淀粉酶在干酪乳杆菌中过表达,即得到一株具有高淀粉降解活性的菌株。山梨醇作为一种低卡路里甜味剂以及益生元,是由一种过表达山梨醇-6-磷酸脱氢酶的植物乳杆菌获得的。而最让人振奋的试验莫过于表面表达已知病原菌的抗原区域,使得通过肠道时诱发免疫反应,在小鼠中研究关于破伤风试验中取得了一定的成功。这一试验也是破伤风相关研究的热点。因为这使得通过口服以及低成本研究大人口基数的疫苗研制得以促进。另一方面的研究在于利用双歧杆菌工程菌对抗肿瘤,作为厌氧微生物可在肿瘤中过表达相关细胞毒素并杀死肿瘤细胞。有研究报道,在小鼠中利用婴儿双歧杆菌过表达孢嘧啶脱氨酶,并将菌株与5-氟胞嘧啶注射入黑素瘤中,观察到肿瘤细胞有萎缩现象。

第三节　转座子

细菌内不同的可移动遗传元件对于细菌的遗传可变性及对环境的适应性具有重要的意义。IS 序列是最简单的一类可移动遗传元件。转座子的基因组中一段可移动的 DNA 序列,可以通过切割、重新整合等一系列过程从基因组的一个位置"跳跃"到另一个位置。这一元件不仅可以用于分析生物遗传进化上分子作用引起的一些现象,还为基因工程和分子生物学研究提供了强有力的工具。

一、IS 序列与转座子

Shimizu—kadota 的团队在干酪乳杆菌中发现了益生菌的第一个 IS 元件,在此之后,发现大量的 IS 序列存在于益生菌中。

转座子是一类 DNA 序列,它们可以以转录或逆转录的方式出现在其他基因座上,这个过程需要内切酶的帮助。转座子不仅含有基本的 IS 序列,它们还含有与抗生素相关的基因或是与接合基因转移相关的内容。

转座子是可以在基因重组中移动并且整合到新位点的 DNA 片段,它是生物基因组中的重要组成部分,分为 DNA 转座子和反转录转座子两类,分类依据是重组方式的不同,有的是复制—粘贴,有的是剪切—粘贴。DNA 转座子可以通过 DNA 复制或直接切除的方式获得可移动片段,并且重新插入基因组 DNA 中。转座子中间体就是它本身,是 DNA。DNA 转座子的结构如图 9—2 所示。反转录转座子还有一个名字为返座元,在结构和复制方面与反转录病毒具有一定的相似性。

细菌复合转座子

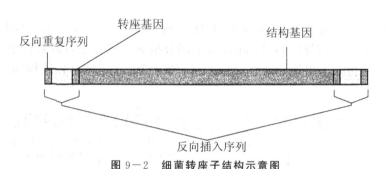

图 9—2　细菌转座子结构示意图

目前克隆转座子的途径有两条:一条途径是利用抗体识别或 cDNA 探针从菌株中获得表达量降低或不稳定基因座的序列,再从突变体中分离得到相应的转座子;另一条途径是根据序列同源性,在基因组的不同位置分离同一家族的转座子成员。

二、Ⅱ型内含子

内含子是一个基因中非编码 DNA 片段,它分开相邻的外显子,是阻断基因线性表达的序列。内含子可能会含有在进化过程中丧失功能的部分基因，所以它比外显子累计有更多的突变。

内含子有自剪接内含子和剪接体内含子两种，分类标准是剪接过程是否为自发的。自剪接内含子又分为Ⅰ型内含子和Ⅱ型内含子。Ⅰ型内含子主要见于细胞器、细菌及低等真核生物细胞核中；Ⅱ型内含子主要见于细胞器、细菌中。Ⅱ型内含子的剪接机理同核内含子的剪接相似，也要形成一个套索的中间体，通过形成5－2磷酸二酯键将要剪接的位点靠近到一起。但是，Ⅱ型内含子的剪接又不完全与核内含子的剪接相同，它具有自我剪接的功能，不需要剪接体和snRNA的参与，也不需要ATP供能。

Ⅱ型内含子是一种反转座子，它的功能结构比较特殊。因为它既有与内含子剪接机制相同的RNA剪接活性，又有反转座的特性，所以Ⅱ型内含子被认为是内含子的先祖，在近些年来受到科研工作者的重视。

第四节　CRISPR/Cas 系统

CRISPR是成簇的规律间隔的短回文重复序列的简称，与其相关的基因称为Cas。CRISPR是目前发现存在于大多数细菌与所有古生菌中的一种以核酸为基础的后天免疫系统的重要组成元素。

一、基本结构

CRISPR重复序列是由同向重复序列（Directed Repeat，R）、间隔序列（Spacer，S）以及前导序列（Leader，L）三部分组成。间隔序列是来自于外源遗传信息，且长度不相等，前导序列位于5′端。典型的CRISPR结构如图9－3所示。

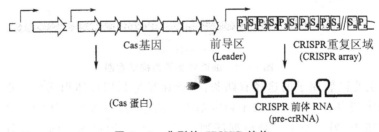

图9－3　典型的 CRISPR 结构

大多数CRISPR的前导序列L的长度为100～500 bp，通常富含AT碱基对。在不同的CRISPR中，前导序列并不保守，通常是启动CRISPR重复序列转录的启动子。在拥有CRISPR系统的细菌细胞内，很容易检测到CRISPR的转录产物。

同向重复序列 R 的长度通常为 23～55 bp,不同的细菌具有不同的 CRISPR 重复序列,并且这种重复序列呈现多样性。根据同向重复序列的同源性,大致可以分成 12 个群以及 21 个亚群。但是在同一个 CRISPR 排列中,同向重复序列是高度保守的,而且在一些相近的细菌属种间,也具有一定的同源性,由此推测 CRISPR/Cas 系统可能来自于"偶然"的基因水平转移。因重复序列的另外一个特点是其序列呈部分回文对称结构,所以成熟的 CRISPR 的 RNA(crRNA)能够形成一个茎环结构。

间隔序列 S 位于两个重复序列之间,在同一个 CRISPR 排列中拥有相似的长度,但序列是独特的。在不同的 CRISPR/Cas 系统中,间隔序列的长度大多位于 21～72 bp 的范围。对于不同的原核种类,间隔序列具有高度的多样性。只有在一个细菌的种内不同菌株之间趋于同源。目前已经明确认为间隔序列来自于噬菌体或质粒,实际上是噬菌体或质粒入侵后留下的"痕迹",从而赋予细胞获得对相应噬菌体或质粒的免疫防御能力。此外,许多间隔序列在数据库中还不能找到同源序列,这从另一个侧面说明人们对噬菌体等移动元件的多样性仍然缺乏充分的认识。

二、CRISPR 介导的防御过程

CRISPR 系统在获得性免疫过程中通常有三个步骤:一是获得外源 DNA,二是 CRISPR 的 RNA 的生物合成,三是目标干扰(图 9—4)。

在获得外源性 DNA 片段时,外源 DNA 的短片段并非随机选择,而是优先整合于 CRISPR 的一端。当有新的间隔序列加入时,通常伴随着末端重复序列的复制,这样便始终保持着"重复—间隔—重复"的基本结构。CRISPR 位点大多出现在染色体基因组中,也有少数出现在质粒序列中;有的基因组可能包括多个 CRISPR 位点,有的细菌可能只有一个。CRISPR 位点被转录为一个长片段初级转录产物,随后被加工成一系列小 crRNA 文库。每一个 crRNA 都含有一段与之前入侵者序列互补的引导序列,就像是通过"拍照留念"的方式,为每位入侵者都留下了一份记录。随后,crRNA 由一个或者多个 Cas 蛋白结合起来,形成核蛋白复合物,就像是"忠诚的卫士"在细胞内部环境内"巡逻",一旦遇到与 crRNA 引导序列互补的目标,便将目标识别出来,在核酸酶的作用下将目标降解。

目前已发现三种不同类型的 CRISPR/Cas 系统(分别为Ⅰ、Ⅱ和Ⅲ型),存在于已测序的 40% 的细菌和 90% 的古菌中。其中Ⅱ型系统的组成较为简单,以 Cas9 蛋白以及向导 RNA 为核心组成。很多这种 DNA 锁定识别系统都依赖非常复杂的多组分复合物,而Ⅱ型系统却只依赖于单一蛋白 Cas9。有一些 CRISPR 系统与真核生物的 RNAi 类似,采用 crRNA 来锁定和剪切互补

RNA。不过大多数 CRISPR 系统还是采用 crRNA 仅仅来锁定识别目标 DNA，Cas9 的特别之处在于它可以在 RNA 的培训和指导下识别任意互补 DNA。基于这样简单的原理，在此基础上有望发展新的基因组编辑技术，可用于细胞内基因组的操作，如插入、替换基因组中特定的序列等。正如预期的那样，在 2013 年初，几个独立的研究小组分别在《Science》《Nature Biotechnolgy》等杂志上发表研究成果，利用 CRISPR/Cas（Cas9）系统在哺乳动物等细胞中成功地实现了基因组的靶向编辑，预示着这项新技术可能成为"精确"操纵基因组的一种非常强大的工具。

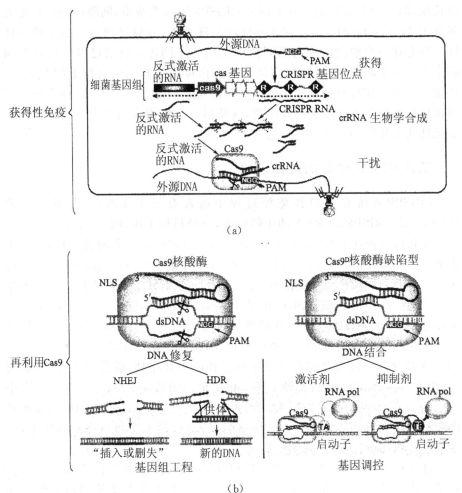

（a）

（b）

图 9—4　细菌体内 CRISPR 介导的获得性免疫过程

三、CRISPR 的应用

首先,CRISPR/Cas 系统的原始功能是防御噬菌体等外源入侵的移动元件。理论上可以通过将细菌菌株"暴露"于天然的噬菌体或通过基因工程技术,将小片段的病毒原间隔序列整合到 CRISPR 的重复序列中,从而赋予细胞获得相应的免疫功能。这对于一些工业发酵菌株仍然具有一定的实际意义,即基于 CRISPR 的适应系统构建抗噬菌体的工业菌株。CRISPR 重复序列具有广泛的多样性和动态特征,因此,有研究者也利用 CRISPR 排列及重复序列进行细菌的基因分型。基于同样的原理,测序分析环境样品中的 CRISPR 重复序列,可以用来监控自然界中原核细菌及其动态变化情况,甚至通过环境样品中海量的 CRISPR 序列信息,可以很方便地用以分析研究原核世界或自然生境中细菌与噬菌体病毒之间的进化、相互作用及其生态适应等。

20 世纪 70 年代对于噬菌体的研究,导致了 DNA 限制性内切酶的发现。由于限制性内切酶可以对 DNA 分子特异的识别和剪切,使得分子生物整个学科发生了巨变。与限制性内切酶相似,CRISPR 作为原核生物免疫系统的重要组成元素,它可以对核酸分子有效识别并特异性剪切。但与限制性内切酶只特异性的与 4～8 bp 区域的 dsDNA 结合有所不同,CRISPR 的 RNA 引导系统的用途十分广泛,它可以很容易地被编程,以识别几乎任意的 RNA 或者 DNA 底物。这一新型的 RNA 引导的核酸酶如今正在被基因组工程科学家们在多种生物体系内加以广泛利用。

从 2007 年 R.Barrangou 等人首次证实了在嗜热链球菌中依赖于 Cas 9 基因介导的 CRISPR 免疫系统是原核细胞抵御噬菌体侵染的一种新的免疫机制。直到 2011 年,E.Charpentier 等人报道发现了与 CRISPR RNA 重复序列互补的反激活 crRNA。他们发现,在长片段初级 CRISPR 转录子的加工过程中,需要依赖 tracrRNA 以及 RNA 酶 RNAaseⅢ。紧接着,Jinek 等人在化脓性链球菌中纯化出了 Cas9 蛋白,并且表明 Cas9 介导的 dsDNA 剪切依赖于 crRNA 引导和 tracrRNA。进而 Gasiunas 等人也报道了嗜热链球菌中纯化出的 Cas9 蛋白可以对目标 dsDNA 进行剪切。至此,这些研究的结果提供了一个令人激动的新的可能性,即利用 RNA 引导的核酸酶可以产生 dsDNA 断裂,进而可以对基因组进行"编程"。基因组编程的原则需要依靠细胞 DNA 的修复系统。通过核酸酶介导的 dsDNA 断裂可以通过非同源末端联合 non－homologous end－joining(NHEJ)或者同源向修复的方式。因为 NHEJ 属于错配加工的方式,常常伴有目标位点核苷酸的插入或删除,所以形成移码突变或终止子,导致基因组目标区域的遗传敲除。而另外一种方式 HDR 则针对模板 DNA 序列的同源序列来修复双链断裂。

在 CRISPR RNA 引导核酸酶发现之前，基因组编程最先进的手段，需要引入复杂的蛋白工程，如锌指蛋白核酸酶，转录激活因子样效应物核酸酶或归巢核酸内切酶等。然而蛋白工程非常昂贵，并且工程酶错切非目标片段的情况也时有发生，因此，常会伴随有难以发觉的脱靶效应甚至毒性效应。与之前的这些现有技术相比，CRISPR 核酸酶只需要最基础的 Watson—Crick 碱基配对原理，而不需要复杂的蛋白工程参与。这一高效的、精确的 RNA 介导的基因组编程目前正成为世界上最热门的研究点之一。

在 2013 年，仅仅在 Jinek 和 Gasiunas 等人报道 Cas9 可以对 dsDNA 进行编程剪切的六个月之后，由 Cong 和 Mall 等人发表了两篇《Science》文章，证实 Cas9 蛋白可以在小鼠及人类的细胞系中进行基因编辑。为了使 Cas9 核酸酶重新目标化以完成基因编辑，作者将核锚定蛋白序列与可变密码子的 Cas 9 基因进行融合，并且将此基因与通过质粒表达的 tracrRNA、crRNA 引导或嵌合引导 RNA 共表达。如此，通过 Cas9 蛋白进行的编辑效率与成熟的 ZFNs 和 TALENs 完全可以媲美，同时更加简单、可靠以及廉价。

实际上，Ding 等人最近在多能干细胞的 8 个不同位点对 Cas9 以及 TALENS 的效率进行了对比，Cas9 为基础的系统在所有的位点上比 TALENs 系统都表现得更为稳定及可靠。同时，马萨诸塞州综合医院的研究者利用人工合成的 sgRNAs 指导 Cas9 内源性核酸酶对斑马鱼胚胎基因进行修饰，并证明取得与 ZFN 一样的修饰效果。他们将编码 Cas9 蛋白的 mRNA 和特定的引导 RNA 注射到斑马鱼胚胎内，结果取得了成功，在所有被注射的斑马鱼胚胎内，10 个切割位点中有 8 个位点都发生了切割，并且引入了插入或者缺失突变。

除了通过 NHEJ 的方式来通过剪切位点引发基因组损伤以外，很多研究也表明，同时引入单链或双链的 DNA 供体可以促进 HDR 的发生。与野生型序列完全一致的 DNA 供体可以用来恢复原始序列，然而 DNA 供体也可以引人单核苷酸突变或是形成新的基因。在基因组上可传递外源 DNA 到特异性位点，表明 CRISPR RNA 引导核酸酶可以用来对缺陷基因进行修复或是替代的基因治疗。

以上这些初步的研究很快便被大量的证明 Cas9 引导核酸酶作用的文章所吞没。在 2013—2014 年，有超过 60 篇独立的研究证实多种版本的引导 RNA 可在细胞以及多细胞生物中被用于 Cas9 蛋白对特异序列的定位与结合。多种引导 RNA 的作用还体现在可在同一基因组内编辑个基因或者在两个不同位点剪切大片段基因组序列，这一过程也称作"倍增作用"。Zhang 等与美国马萨诸塞州坎布里白头研究所的发育生物学家 Rudolf 合作，在同一个胚胎中最多可敲除五个基因。倍增作用在敲除冗余基因或研究平行通路时十分有用。

这些早期的以 Cas9 为基础的基因工程研究先驱者在公开的网站 Add-gene.org 公布并共享了他们的表达质粒,这些无私的行为使得科学家们可以很快地利用这些质粒结合 Cas9 编程的简易性在特定目标基因工程中。然而这一系统的广泛应用绝不仅仅只是这些。除了这些传统的位点特异性双敲除的基因组编辑外,最近报道了一种核酸酶缺陷型 Cas9,它可定点运送各种货物的特点使其成为一种可编辑的 DNA 结合蛋白。Cas9D 蛋白已经被报道在细菌、酵母以及人类细胞中,通过与转录因子的融合以及导向特异基因的启动子区域以调节基因转录水平。同时,Cas9D 系统的基因抑制与激活能力也提供了一种控制整体基因表达的简单而有效的方法。

最近,怀特海德研究所的研究者利用 CRISPR/Cas 系统,通过构建出一种叫作 CRISPR—on 的强大新基因调控系统,能够同时提高多个基因的表达,并精确操控每个基因的表达水平。CRISPR—on 在不同水平上只激活感兴趣的基因的能力可能有助于科学家们加深对多种疾病的转录网络的理解和找到治疗这些疾病的潜在方法。研究者还证实了这一系统能够有效应用于小鼠细胞、人类细胞和小鼠胚胎中。

第十章　益生菌在乳品中的应用

　　20 世纪 30 年代以来,人们逐渐认识到嗜酸乳杆菌、双歧杆菌、干酪乳杆菌等可以在人体胃肠道存活,对人体具有健康作用,称为益生菌。益生菌是一类活的微生物,主要是作为肠道内固有有益菌群的补充,调节黏膜和系统免疫,影响宿主的生理状况,增强营养和提高肠道微生物的平衡,以促进人体或动物的健康。历史上,益生菌一直被用在乳制品、蔬菜、谷物等发酵中,增加食物等的营养价值,改善食物等的风味;同时也用于预防或治疗胃肠炎。益生菌最普遍的应用是制备发酵乳。益生菌全球性的需求是因为益生菌具有保健和预防疾病的作用。益生菌用于食品、保健品,也可作为某些常规医疗制剂的替代品。乳酸菌益生特性和功能性乳品成为目前研究领域的重要课题。

第一节　乳品用益生菌的种类及选择

一、益生菌的种类

　　传统上,乳品常用的益生菌主要有双歧杆菌属和乳杆菌属的菌种。益生菌的种类正逐步增加,明串杆菌属、丙酸杆菌属、片球菌属、芽孢杆菌属的部分菌种以及部分霉菌、酵母菌也将被用作益生菌。

二、益生菌菌株的筛选

(一)评价益生菌用于食品的重要标准

　　评价益生菌用于食品的一些重要标准是:人类来源、GRAS 微生物、长期的活力和存活性、对胃酸和胆盐毒性的高抗性、对人肠道细胞和肠黏蛋白的良好吸附能力、产生针对肠道致病菌的抗微生物物质、在食品和针对免疫缺陷人群的临床应用的安全性、对人体的安全性和有效性。很显然,没有一种益生菌产品可以满足所有这些标准。2002 年,WHO 引入了益生菌评价和最低要求的指导原则。这些包括第一阶段(安全性)、第二阶段(活力)、第三阶段(有效性)以及第四阶段(监管)的临床评价的标准方法,总结如下:

　　(1)分类。通过表型和基因型的方法鉴定菌株,根据国际命名法典命名。

（2）健康益处。产品应标注达到特定健康益处的每天最低摄入量。通过随机双盲、控制良好的研究证实健康益处，表现出统计学意义。

（3）安全和功能特性。经过体外或动物试验验证。新菌株必须经过阶段一的人体试验，至少一次双盲、安慰剂控制的阶段二的临床试验，证实其安全性。

（4）标签。标示正确的相关信息，如使用的菌株的属、种和菌株以及最低的细菌数；产品货架期末期的活菌浓度；储存条件。

（二）菌株特性的筛选、验证模型

虽然最近几年来，益生菌研究取得了进展，但并不是所有市场上的益生菌产品都有足够的科学证据。因此，确定候选微生物筛选和选择的合理标准是必要的，也可以评价在严格控制的人体临床试验中选择的菌株或食品的有效性。

一般而言，不能假定一株益生菌株所表现的活性对另一菌株也同样适用，即使是同一种或属的菌株。体外试验观察到的结果差异很大，这并不是意外的，可以通过菌株、种属间的生物化学或生理学上的差异解释，益生菌筛选的关键标准如表 10－1 所示。这些菌株的种属特性用以判断满足特定健康目标的最适合的菌株或者菌株的组合。

益生菌在应用到食品或微生态制剂时，至少应保证它应有的货架期、足够的活菌数和非致病性。在产品的货架期内保证益生菌足够高的活菌数一直是比较困难的。在使用益生菌之前，除了对益生菌菌株的有效性进行研究之外，更应对益生菌菌株的安全性做出准确的评价。安全性在生产上一般都能满足。益生菌在发酵食品中的应用历史悠久，FDA 已将许多益生菌都定义为 GRAS 菌株，使用历史已证明了它们的安全性。

表 10－1　益生菌筛选的关键标准

关键标准	特性
适合性和安全性	来源（目标菌株的自然存在：人益生菌来源于人体） 一般认为是安全的状态（GRAS）（治病性和感染性，毒性因子：毒性、代谢活力和固有特性，抗生素抗性） 准确的分类鉴定 独立的每个潜在菌株的评价和文献证明

续表

关键标准	特性
技术适合性和竞争性	遗传稳定性 加工和储存期间良好的存活性 良好的风味特性 噬菌体抗性 对溶菌酶和酚类化合物有抗性 对氧不敏感 易于规模化生产和浓缩到高细胞密度 发酵剂制备期间良好的稳定性 加工期间的稳定性 储存(即以冷冻和干燥形态存在)和配送期间的良好稳定性 在食品基质(如牛乳)中的生长情况 培养费用经济 在15 ℃以下活性低 与正常微生物相比,包括相似或相近的种属,有竞争能力
功能表现	对胃酸和胆盐有耐受性 对蛋白酶和消化性酶有抗性 可以黏附到黏膜表面 在体内可存活和定植 有效的和文献证明的健康效果
良好的生理活性	具有一种或多种临床上文献证明的健康效果,如: 免疫调节作用 拮抗活力 胆固醇代谢 乳糖代谢 抗突变和抗癌特性

(三)益生菌的安全评价

益生菌的安全性通常以病原性、毒性、代谢活性及菌株内在特性作为评价指标,可通过体外研究、动物试验和人体临床研究评价待选菌株的安全性。

(1)动物试验。虽然不同种间对益生菌危害的检测结果存在一定的差异,但是动物模型可提供很多有意义的信息。益生菌在动物模型中对疾病的敏感性试验同样可以预示其在人体试验中对疾病恶化或缓解的概率和风险。

(2)人体临床研究。通常利用对健康志愿者短期临床试验的大量数据作为益生菌安全性评价的重要依据。一些研究中,由于益生菌与宿主可在胃肠道相遇,所以能否引起胃肠紊乱是评定待选益生菌安全性的重要指标。

（3）流行病学研究。迄今为止,一些益生菌无任何风险的长期使用很好地证明了其安全性。Saxelin 的研究为流行病学监控提供了很好的例子。同时,流行病学的评定值与数据分析有很大的关系,如参与检测的志愿者人数等。

现在的研究重点是作为具有健康功能的益生菌的可能作用。但是,最近报道了乳酸菌引起的一些人感染疾病,如心内膜炎或泌尿系统感染。在这些事例中,感染来源于共生的乳酸菌菌丛,而不是摄入的菌,并且患者通常有某些潜在疾病。从不同感染部位分离到的乳酸菌的种类如表 10－2 所示。

表 10－2　从内心肌炎、菌血症、血液及局部感染病例中分离到的乳酸菌及双歧杆菌种类

属	种
乳杆菌（Lactobacillus）	rhamnosus、plantarum、casei、paracasei、salivarius、acidophilus、gasseri、leichmanii、jensenii、confusus、lactis、fermentum、minutus 和 catenaforme
乳球菌（Lactococcus）	lactis
明串珠菌（Leuconostoc）	mesenteroides、paramenteroides、citrovum、pseudomesenteroides 和 lactis
片球菌（Pediococcus）	acidi lactici 和 pentosacus
双歧杆菌（Bifidobacterium）	dentium（erkisonii）、adolescentis
肠球菌（Enterococcus）	faecalis、faecium、avium 及其他

这些研究结果引起人们对益生菌安全性的广泛关注。对已发表的有关乳酸菌安全性的结果进行了讨论,其结论是:除肠球菌外,乳酸菌引发感染的风险从总体而言,是非常低的。

应该强调的是,乳酸菌具有被长期广泛食用的历史,到目前为止,还没有证据表明用于食品发酵的乳酸菌可能存在任何危害。有必要指出的是:

（1）目前公布的部分临床感染牵涉到乳酸菌的病例都来自于处于患病状态的人群,尤其是那些心瓣阀功能异常的内心肌炎患者,或者是那些免疫力受损的人群。

（2）与前面所讲的相反,在健康人群或孕妇中还没有观察到乳酸菌与临床感染有关的病例。

（3）与正常人群相比,还没有在那些长期接触高剂量乳酸菌的人群中观察到更多的与乳酸菌相关的感染情况。

（4）还没有发现食用发酵食品、益生菌或含乳酸菌的药物导致的由乳酸菌引起感染的病例。

需要控制的益生菌临床评价因素的数目是相当多的,主要包括以下因

素:菌株或者菌株的组合;菌株的生长条件;传递的方式(粉剂、食品中增补、在产品中生长);活性组分的消费量;测试的人群;与临床终点相关的有效的生物标记体;临床试验,使用双盲、安慰剂对照试验。

第二节　益生菌的制备技术

一、乳酸菌的规模生产

　　大规模生产包括高密度培养、清洗和菌体的干燥。多数乳酸菌可以在发酵罐中培养,乳酸菌对离子有相当的抗性,可以耐受-20 ℃或更低温度的冷冻。长期储存或不良条件下的储存可以使用微胶囊。成丸或成片过程中,乳酸菌的活性下降很快,需采取保存或保护措施。另外,也可能受到其他微生物的污染。质量控制应当保证:在加工和储存期间维持乳酸菌的存活性;保持乳酸菌良好的发酵特性,如滋味、风味和感官特性;整个储存期间保持温和的酸度;保持菌株在肠道的定植能力;促进发酵产品的货架期和储存稳定性;在冷冻干燥或其他方法干燥后证实其特性的稳定性和功能性;进行准确的菌株鉴定和防止其他微生物的污染;对益生菌的食用量做出要求。

　　发酵剂是制造干酪、奶油及发酵乳制品所用的特定的微生物培养物。用于制造阶段的发酵剂称为工作发酵剂,为了制备生产用发酵剂预先制备的发酵剂称为母发酵剂或种子发酵剂。

　　发酵剂由特定的微生物组成,制造发酵剂的原始培养物称为发酵剂菌种。发酵剂通常指用于工业生产的由单一或多种微生物组成的混合培养物,而菌种则是指由单一微生物组成的纯培养物。发酵剂与乳制品的关系如图10-1所示。

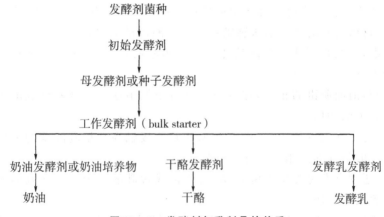

图10-1　发酵剂与乳制品的关系

如上所述,发酵剂是以微生物为母体,但随着对发酵剂作用的进一步了解,出现了所谓的人工发酵剂或化学发酵剂,特别是添加作为奶油培养物替代品的合成风味物质,意味着今后可能改变发酵剂的概念,但 Andesen 指出,这类发酵剂尚存在很多问题。

二、发酵剂的保存方法和原理

在乳或生长介质中无任何抑制物质,如抗生素或噬菌体。虽然菌种增殖过程比较费事,要求训练有素的人员操作,而且可能出现噬菌体污染,但这种方法仍被广泛使用。

发酵剂必须最大限度地含有高数量的活菌,必须在生产情况下具有高活力,且无噬菌体和其他污染;如果接种,要在无菌条件下进行,且在无菌介质中生长。Foster 建议,为保持有活力的发酵剂,必须采取以下措施:减少或控制发酵剂中微生物的代谢活动;从发酵废料中分离发酵剂菌种。前一条措施可通过冷藏或冷冻来实现,后一条措施主要用于罐直投式接种(DVI)的高活性浓缩发酵剂的生产过程中,从连续式或批料式加工后的废料中直接制取。

为保持有足够的可利用的储备菌种,对组成发酵剂的菌种或发酵剂进行保存是十分有必要的,这在工作发酵剂失败的情况下更为必要。而且连续的传代培养可能导致菌株变异,从而改变发酵剂的整体性能和组成菌株的一般特征,故选择适宜的方式对发酵剂及其组成菌株进行保存是必需的。用于制备发酵剂的菌种可来自科研单位、高校、菌种保存组织或菌种供应商,发酵剂可采用下列形式之一进行保存:

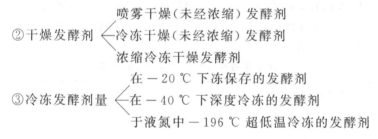

①液态发酵剂

　　　　　　　喷雾干燥(未经浓缩)发酵剂
②干燥发酵剂 ← 冷冻干燥(未经浓缩)发酵剂
　　　　　　　浓缩冷冻干燥发酵剂

　　　　　　　在 −20 ℃ 下冻保存的发酵剂
③冷冻发酵剂量 ← 在 −40 ℃ 下深度冷冻的发酵剂
　　　　　　　于液氮中 −196 ℃ 超低温冷冻的发酵剂

三、菌体细胞的浓缩

保存菌种的存活率取决于加工情况,如生产介质、低温保护剂的添加情况及采用的冷冻和干燥方法等,同时也依赖于菌体细胞浓缩的方法。细胞浓缩常用的方法如下:

(1)机械方法。通过 Sharpies 离心机在 5 500 g 和高速离心(15 000

～20 000 g)将菌体细胞浓缩,不过这会引起菌体细胞的物理性破坏。

(2)在发酵剂制备过程中采取连续中和的方法使培养基的 pH 保持在6.0左右,从而获得高浓度的菌体细胞。由于在发酵剂制备的过程中,乳酸的产生对菌的生长有抑制作用,所以及时中和产生的乳酸,可以提高培养物中细胞的浓度。如果采用分批或连续式培养方法,亦可用于获得高浓度的细胞。

(3)应用扩散培养技术,通过从生长介质中不断去除乳酸,最终能获得 10^{11} CFU/ mL 的菌体细胞。

四、液态发酵剂

液态发酵剂是乳品工业应用最广泛的一种发酵剂,发酵剂通常以小量形式保存,如果乳品生产过程中需要的发酵剂的量比较大时,则需对其进行繁殖扩大。

纯培养物→母发酵剂→中间发酵剂→工作发酵剂

例如,以 2% 的接种量每天加工 10 000 L 原料乳生产酸乳,则发酵剂的扩大培养过程可按以下方式进行:

纯培养物 $\xrightarrow{1\%}$ 1% 母发酵剂 $\xrightarrow{1\%}$ 中间发酵剂 $\xrightarrow{2\%}$ 工作发酵剂

0.4 mL　　　40 mL　　　4L　　　　　200 L

上述扩大培养过程中所用的纯培养物(菌种)保存在灭菌的无抗生素的脱脂乳中(10%～12%无脂乳固体),每天或每周传代培养一次。

发酵剂的活性受培养后的冷却速率、培养终点酸度和储存温度、时间的影响,冷却对于控制发酵剂的代谢活动非常重要。用于保藏的纯培养物(菌种)能以液态形式保存,如表 10－3 所示列出了一种适合于多种乳酸菌保存的培养基。需保存的菌种或发酵剂接种到该培养基以后,经过短时间的培养,可在通常的冷藏条件下储存,仅需每 3 个月活化一次。

表 10－3　用于液态发酵剂或菌种保存的培养基

脱脂乳	100%～12%SNF(无脂乳固体)
5%石蕊溶液	2%
酵母浸膏	0.3%
葡萄糖/乳糖	1.0%
$CaCO_3$	$CaCO_3$ 须覆盖整个试管底部
Panmede(调节 pH 为 7)	0.25%
卵磷脂(调节 pH 为 7)	1.0%

注:培养基于 0.07 MPa 灭菌 10 min,在使用前,于 30 ℃培养 1 周检查灭菌效果。

五、干燥发酵剂

干燥技术是常用的一种发酵剂的保存方法。干燥发酵剂的出现,是为了克服液态发酵剂保存方法中工作量大的不足,同时使菌种易于通过邮递运输而没有任何活性损失。在 1950 年以前,真空干燥是生产干燥发酵剂的主要方法,这个过程包括将液态发酵剂和乳糖混合,然后用$CaCO_3$中和过量的酸,通过分离或去除乳清,被部分浓缩成颗粒状,后者在真空条件下干燥。干燥发酵剂仅含 1%~2% 的活菌,在使用前需要经过多次传代培养才能恢复其最大活性。

较高存活率的干燥发酵剂可通过喷雾干燥法获得,这种方法最早出现于荷兰,具体方法如图 10-2 所示。此种干燥发酵剂与保存 24 h 后的液态发酵剂具有同等活力。虽然这种方法在技术上已证明是可行的,但并未获得商业化的发展。其原因是干燥发酵剂的存活率仍然偏低。向发酵剂生长的培养基中添加谷氨酸钠和维生素 C,可在某种程度上保护菌体细胞,采用此种方式培养的发酵剂经喷雾干燥后在 21 ℃储存 6 个月,仍能保持其活性。

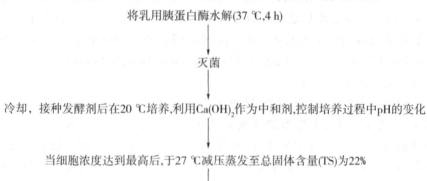

图 10-2 荷兰喷雾干燥发酵剂的生产工艺

当发酵剂在冷冻状态下进行干燥时产生的是冷冻干燥发酵剂。这种方法提高了干燥发酵剂中菌的存活率,效果比喷雾干燥好。冷冻和干燥过程会破坏细胞膜,但在冷冻干燥前添加一定量的冷冻保护剂能使这种破坏降至最小。这些保护剂是氢结合或离子化基团,它通过在冷冻过程中稳定细胞膜组分而防止细胞的破坏。

冷冻干燥发酵剂在接种后,大多需要经过较长的延滞期。因此,主要用于制备母发酵剂。如果直接从冷冻干燥发酵剂制备工作发酵剂,不仅成本高,而且需要较长的培养时间。近来开发成功的浓缩冷冻干燥发酵剂(CFDC)可直接用于工作发酵剂的制备,或作为罐直投式接种(DVI)发酵剂直接用于干酪和其他发酵乳制品的生产。

六、冷冻发酵剂

液态发酵剂在冷冻($-20\sim-40$ ℃)条件下可保存数月,这种方法一般在实验室采用。当需要时,冷冻发酵剂被分发至乳品厂,直接作为生产发酵剂的接种物。在-40 ℃下长期冷冻和保存将导致发酵剂活性损失,造成对部分乳杆菌的破坏。但使用含10％脱脂乳、5％蔗糖、稀奶油、0.9％NaCl(或1％明胶)的培养基能改善菌的存活情况。此外,浓缩细胞($10^{10}\sim10^{12}$CFU/ mL)在-30 ℃下冷冻时,添加某些低温保护剂(甘油或$\beta-$甘油磷酸钠)对部分嗜温发酵剂、乳杆菌或丙酸发酵剂具有保护作用。

采用在-40 ℃下进行冷冻保藏是一种成功的保存发酵剂的手段,但在-196 ℃液氮中的冷冻却是最好的冷冻保存方法。Gilliland 等人的研究证实,冷冻和解冻过程仍然是关系到冷冻发酵剂应用成功与否的重要因素,L. bulgaricus 是对冷冻敏感的微生物之一,但在 Tween80 和油酸钠存在的情况下,能改善冷冻对其细胞的破坏。

利用液氮保存冷冻发酵剂使干酪和酸奶加工中采用罐直投式接种(DVI),或直接制备工作发酵剂成为可能。这种方法的好处如下:方便、发酵剂性能更可靠、减少了日常工作量,使生产具有较大的灵活性,能更好地控制噬菌体污染及对产品质量有改善作用。但也存在以下缺点:提供液氮设备困难、成本高,对发酵剂供应商的依赖性较大等。

第三节　益生菌的产品稳定性

更多的证据表明,摄入一定数目的乳酸菌如乳杆菌、双歧杆菌时,对人体以及动物可表现出预防疾病和保健作用。可以从冷冻干燥的菌体或乳基质产品如酸奶、发酵乳饮料和非发酵的嗜酸性乳等获得存活的乳杆菌和双歧杆菌。冷冻干燥产品中的水分活性小于 0.25,菌体在 12 个月内于室温下表现出良好的稳定性。而后者受到保存期的限制,所以乳基质产品在冷藏架上展示 2～4 周后,需要从商店中进行回收。如果了解了乳基质产品的货架期的影响因素,就可以通过产品的改进和菌体的遗传修饰,改进产品的稳定性。

一、益生菌的活力、消费量和货架期

(一)益生菌的活力

一般而言,假设益生菌的存活性是活性的合理的度量。在多数情况下,即使不要求存活性,这也与多数的效果是相关的。益生活力不要求菌体存活的情况,包括提高乳糖的消化能力、某些免疫系统调节活动、抗高血压作用。这些作用与非存活的菌体有关(细胞组分、酶的活力或者发酵产品)。但是杀死菌体的方法可能会影响作用效果。在 β-半乳糖苷酶的活力试验中,一项研究表明,用 γ 射线杀死菌体维持了老鼠和小猪的乳糖消化能力。这项研究结果与证实巴氏杀菌酸奶对降低呼吸氢浓度影响减低的报告并不矛盾。在免疫系统的例子中,菌体细胞壁组分或者受热杀死的细胞被认为是具有活力的生物反应修饰剂(biologicalre-sponse modifiers)。巴氏杀菌的益生菌产品的功能性特性的例子是 FOSHU 批准的日本饮料 Ameal-S,这种产品是由日本的 Kanagawa Calpis 有限公司生产的,是由瑞士乳杆菌(Lactobacillus helveti-cus)CP790 发酵牛奶生产的。细胞壁有关的蛋白酶从酪蛋白的降解中至少产生两种抗高血压三肽。在本例中,菌体的存活对功能特性而言并不是必要的。益生菌产品活力特性的定义在开发生产和储存品控参数方面具有重要意义。最大延长货架期必须集中于维持这种组分的适宜含量、完整性、存活的菌体或某些细胞的组分。

因为益生菌本身是生物,有很多因素会影响生物活性:

(1)消费者(宿主)的条件。

(2)菌株的基因结构。

(3)生长的条件。

(4)用于菌株或产品生产的增殖培养基的组成和加工历史。

(5)保存和储存条件。冷冻、干燥或者储存益生菌期间使用保护性化学物质、胶囊或者微胶囊可以大大提高菌株的稳定性。温度、水分活力、氧以及稳定性化学制剂的存在也大大影响储存期间益生菌的稳定性。

(6)测量存活率的方法。不同的微生物计数条件可能会出现不同的活菌数计数结果。选择性制剂会减少菌体的计数结果,尤其是存在的亚致死菌体。选择性制剂是为了区分混合性益生菌的菌体计数。因为受伤菌体抗酸和胆盐的能力降低,所以可以推测在培养基中使用胆盐和低 pH 用于益生菌计数更可能反映生理相关的益生菌数,尽管数目比较少。更好的方法是用动力学模型在生理条件下检测菌体的存活率。

(二)消费量(摄入量)

没有清楚了解活力原理时,进行的剂量研究可能是琐碎的。多数情况而言,益生菌产品的标准化是基于活菌数目的基础上,假定这是考虑产品功能特性方面具有的重要因素。

至今相对一种生理功能特性而言,有关益生菌摄入的最低剂量或频次知道的并不多。几项临床研究表明,摄入益生菌会导致人体粪便中特种益生杆菌的数目恢复到$10^6 \sim 10^8$ CFU/g。

(三)货架期

一般而言,益生菌的货架期与有效性的维持有关。这意味着需要了解有效性的因素以及货架期如何影响这些因素。这类研究提供了商业性产品的"快照"。Reuter 和 Holzapfel 等已经检测了不同商业益生菌的组成和存活率。Harailton—Miller 等检测了含益生菌的欧洲酸奶和粉剂补充剂中益生菌的数量和种属,对比了试验结果和标签指示。

二、益生菌的存活

益生菌是易受各种外部因素影响的生物体,如温度、pH、水分活度、渗透压和氧存量。这些益生菌的稳定性也受到自身属、种、菌株生物类别和其他活性成分组成的影响。

多数情况下,大量的益生菌对于实现健康功效的宣称是重要的,考虑菌株生长或存活依赖性、菌种选择和生理机能、基质种类和特性(如 pH、碳源、氮源、矿物质和氧含量、水分活度和缓冲量)也是一样重要。在大多数发酵乳品中(包括酸乳、软质、半硬质和硬质干酪、冰淇淋和冷冻发酵乳甜品),益生菌的低存活性是主要问题。已经报道的几个影响因素,包括滴定酸度、pH、过氧化氢、溶氧量、储藏温度、发酵乳品中联合的菌种和菌株、乳酸和乙酸的浓度,甚至乳清蛋白浓度。

(一)乳酸菌在乳制品中的存活性

1.细胞死亡动力学

一般说来,乳制品中的乳酸菌一旦停止生长(过了稳定期),其活菌数就会迅速下降。活菌死亡动力学遵循对数规律:

$$X_t = X_0 \exp(-kt)$$

式中,X_t 为时间 t 时的活菌浓度;X_0 为初始活菌浓度;k 为死亡速率。

死亡速率由于乳酸菌种的不同而不同,同时也受其所处理化环境的影响。

2.储存温度的影响

从表 10-4 中可以看出,室温 25 ℃储存时,干酪乳杆菌(Lactobacillus casei)的半衰期大约为 2 周,与之相比,植物乳杆菌(Lactobacillus plantarum)、嗜酸乳杆菌(Lactobacillusa cidophilus)和 Bifidobacterium bifidum 的死亡速率高得多。但如果储存于 5 ℃,这些菌的半衰期大大延长;储存于 5 ℃还可以抑制后酸的产生,以免产品不会变得过酸。在碳源存在时,乳酸的产生是与菌体的生长部分联系的,因此,较低的储藏温度可以减少产酸。考虑到温度对死亡速率的影响,Casolari 提出了下面的公式:

$$\lg X_0 = (1 + Mt)\lg X_t$$

式中,M 为细胞与能量足以导致细胞死亡(E_d)的水分子的碰撞频率,从 Maxwellian 分布函数可知:

$$M = \exp(103.7293) - [2E_d/(RT)]$$

表 10-4　温度对于发酵乳中活菌数量半衰期的影响

细菌	产品 pH	储存温度 /℃	初始活菌数 /(cells/ mL)	半衰期 /d
Lactobacillus casei	3.5	25	5×10^9	13
Lb.casei YIT9018(yakult strain)	3.8	5	1×10^9	>30
Lactobacillus plantarum	3.4	25	3×10^9	4
Lb.plantarum MDI133(Malaysia Dairy strain)	3.8	5	2×10^9	>30
Lactobacillus acidophilus	4.0	25	3×10^9	3
Lb. acidophilus CH5(Chr.Hansen strain)	3.6	5	1×10^9	15
Bifidobacterium bifidum	4.3	25	3×10^9	4
B.bifidum BB12(Chr.Hansen strain)	4.3	5	2×10^9	15

对于细菌的营养体细胞而言,E_d 的值从 130 kJ/mol 到 160 kJ/mol 不等。运用这个公式预测 25 ℃和 5 ℃时的死亡速率,就会发现在较高的储藏温度时,细胞的死亡速率快得多。

3.产品 pH 的影响

产品最终 pH 对发酵乳中益生乳酸菌稳定性的影响很重要。较高的 pH 对 Lactobacillus acidophilus 的保存较为有利。当产品最终 pH 维持在接近中性时,在 25 ℃时,产品中的活菌数可稳定地保持超过一个月,如表 10-5 所示。

表 10－5   产品 pH 对发酵乳中菌体半衰期的影响

细菌	产品 pH	储存温度 / ℃	初始细胞数 /(cells/ mL)	半衰期 /d
Lactobacillus casei	3.8	25	5×10^9	13
Lb.casei YIT9018(yakult strain)	6.5	25	1×10^9	＞30
Lactobacillus plantarum	3.4	25	3×10^9	4
Lb.plantarum MDI133(Malaysia Dairy strain)	6.5	25	3×10^9	＞30
Lactobacillus acidophilus	4.0	25	3×10^9	3
Lb.acidophilus CH5(Chr.Hansen strain)	6.6	25	1×10^9	＞30
Bifidobacterium bifidum	4.3	25	3×10^9	4
B.bifidum BB12(Chr.Hansen strain)	6.6	25	1×10^9	＞15

4.添加剂的影响

某些乳酸菌,如 Lactobacillus acidophilus,尽管有很好的益生治疗作用,但是却不产生乙醛之类的风味物质(普通酸奶因含有乙醛,故有黄油香味),所以发酵出来的酸乳是单纯的酸味。为了改善这类酸奶的风味,人们常常添加不同比例的果汁。常用的温带水果有草莓、苹果、橘子、葡萄,热带水果有菠萝和芒果。终产品的包装是透明或半透明的,以便消费者能够看清楚所加果汁的颜色和种类。已有试验证明,添加草莓汁的发酵乳中 Lactobacillus aci-dophilus 的活菌数衰减的速度比添加其他果汁的都要快。

从表 10－6 中可以看出,添加草莓汁仅 3％,就使发酵乳的半衰期降至 5 d,而不含果汁或含其他果汁的发酵乳的半衰期则长得多。

表 10－6   添加果汁种类对发酵乳 Lactobacillus acidophilus(CH5,Chr,Hansen strain) 半衰期的影响

发酵乳	产品 pH	储存温度 / ℃	初始菌数 /(cells/ mL)	半衰期 /d
牛乳	3.8	5	1×10^9	15
牛乳＋3％草莓汁	3.8	5	1×10^9	5
牛乳＋3％～10％橙汁	3.8	5	8×10^9	15
牛乳＋3％～10％葡萄汁	3.8	5	1×10^9	15
牛乳＋3％～10％苹果汁	3.8	5	9×10^9	15
牛乳＋3％～10％芒果汁	3.8	5	1×10^9	15
牛乳＋3％～10％菠萝汁	3.8	5	9×10^9	15

试验还观察到,如果将产品置于暗室中,则不会发生快速衰减。这可能

是添加草莓汁的发酵乳中发生了某种光化学反应,反应产物对细菌细胞有毒性。改进产品的包装就可延长这种产品的保质期。

(二)决定菌体酸稳定性的分子机制

多数微生物可以忍耐发酵剂环境中的宽 pH 范围,但是胞内的 pH 必须在极狭窄的范围内。事实上,所有微生物的 pH,包括极端的嗜酸菌,其胞内的 pH 比较相似,接近于中性。在低温、低 pH 时,双歧杆菌、乳杆菌的存活性较好,表明能量驱动的质子排阳不是维持低酸环境中这些菌体的 pH、存活性的主要机制。

据研究报告表明,突变链球菌细胞膜的磷脂组成和它的耐酸性与培养基的 pH 以及耐酸的、氧化硫的、细菌细胞壁的肽聚糖的不存在有关。具有不同程度的酸稳定性的乳酸菌膜组分的生物化学分析可以揭示出决定发酵乳中发酵剂菌株的稳定性。很明显,乳酸菌的耐酸性、酸稳定性与膜的功能以及对未离解有机弱酸的通透性有关。有趣的是,人们注意到糖类代谢谱较宽的乳杆菌,如干酪乳杆菌在发酵乳中的存活性比那些具有较狭窄的糖类代谢谱的菌株(如嗜酸乳杆菌)要好。

(三)菌株改良的策略

在确定乳酸菌酸稳定性时,膜组分没有被确定,现在用于菌株改良的基因克隆是不可能的。由于酸耐受性是菌株酸稳定性的反应,在酸性环境中选择存活性更久的菌体是可能的。一个简单的筛选策略是周期性的传代培养突变的乳酸菌,或者采用连续培养体系以选择更多的酸耐受性菌株。

Lee 和 Wong 提出将包含产酸量作为分离酸耐受乳杆菌的筛选标准的一套程序。筛选和分离产乳酸、酸耐受性的乳杆菌变体的程序基于两个假定:

(1)乳基质的 pH 的降低只是由于发酵中乳糖产生乳酸而引起的;

(2)在低 pH 时,只有酸耐受变体才可以继续增殖。

经过突变或体细胞杂交(原生质体融合)的乳杆菌菌体接种到含牛乳培养基的发酵罐中,培养基的 pH 由 pH 控制器进行检测,当培养基的 pH 低于设定的 pH 时(如 pH=4.0),就会激活蠕动泵,将新鲜的牛乳培养基加入培养物中。分批发酵时,pH 的降低是因为发酵过程产生的乳酸。添加鲜牛乳可以恢复培养物的 pH,是因为新鲜牛乳的稀释作用。

在培养体系中,因乳杆菌的增殖产生的乳酸而引起 pH 的降低,可以通过加入新鲜的培养基而得以恢复。假定乳酸的产量是常数,乳杆菌的增殖可以通过测量添加到培养体系中的新鲜培养基的累计量而进行监控。

培养基的 pH 降低到某一临界值时,菌体的增殖速率开始降低。因此,菌株生长速率的提高,表明乳杆菌酸耐受性的提高。菌体的增殖速率越大,新鲜培养基加入到培养物中的速率越快,这样稀释速率也越大。因此,筛选过程是全自动控制的,筛选的频率和压力是由发酵剂菌株的内在电势决定的。这些因子在小规模的筛选突变体方面具有重要的意义。

通过以上的筛选程序,筛选到几株产乳酸的嗜酸乳杆菌、干酪乳杆菌、植物乳杆菌,在发酵乳中的存活期超讨 40 d。

第四节　益生菌乳制品

嗜酸乳杆菌、双歧杆菌等可以用于生产嗜酸菌素片、微生态口服液、保健制剂等。这些产品的主要目的是治疗各种肠道功能异常,如抗生素治疗的后续康复、调节消化道菌群平衡、多种肝病、长期便秘、慢性十二指肠炎、儿童消化道溃疡以及放射治疗的后续治疗。乳杆菌制剂的生产工艺相对简单、菌种耐氧性好,效果较显著。常用的乳杆菌有 Lb. acidophilus、Lb. casei、Lb. rhamnosus GG、Lb. plantarum 和 Lb. breve 等。

在益生菌乳生产开发方面,嗜酸乳杆菌添加的比例略占优势。因为双歧杆菌在加工和保藏过程中都需要严格的厌氧条件,要保持较高的活菌数及活力尚存在一定的技术困难。

一、乳制品作为益生菌载体的优势

乳品工业已经发掘益生菌作为开发新型功能性产品的工具。

乳制品作为益生菌最佳载体非常重要的、工艺方面的原因,相当多的发酵乳制品经过优化后的发酵工艺有利于发酵菌种的存活。此外,现有的冷藏运输、销售和储存条件与方式都可以最大程度地保证加入到产品中的益生菌的存活。部分传统发酵乳制品本身就有一些常被用作益生菌的乳酸菌参与整个发酵过程。例如,在 Kefir 发酵过程中,就有大量乳酸菌参与,并且从中分离出多种益生菌,如图 10-3 所示。此外,从生产角度而言,益生菌能非常方便地融入现有的生产工艺。以 Lb. acidophilus 甜性乳和发酵乳为例,分别与保鲜奶或酸奶的发酵工艺非常接近,如图 10-4 所示。

需要指出的是,其他发酵食品(如发酵酱、泡菜等)也可以作为益生菌的载体,少数产品已经上市。

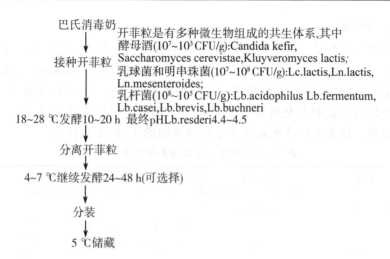

图 10－3　开菲乳（Kefir）的生产工艺

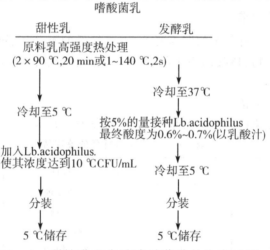

图 10－4　甜性乳和发酵嗜酸菌乳的生产过程

二、嗜酸乳杆菌和嗜酸乳杆菌乳

1922 年，Cheplin 和 Rettger 报道了嗜酸乳杆菌可以在肠道中存活和定植，是人体肠道重要的益生菌。研究表明，嗜酸乳杆菌对食物中滋生的肠道病原菌有拮抗作用，可以稳定正常的肠道微生物区系，具有抗癌作用，能降低血清胆固醇。近年来，嗜酸乳杆菌与其他菌株结合或采用其他生产方式，发展了多种新型的嗜酸性发酵产品。

（一）概述

嗜酸乳杆菌是一类革兰氏阳性杆菌,杆的末端呈圆形,大小为(0.6～0.9) $\mu m \times 1.5\ \mu m \times 1.6\ \mu m$,单个、成对或短链形式存在,不运动,无鞭毛,无芽孢,过氧化氢酶阴性,不产生细胞色素。嗜酸乳杆菌是微需氧菌,无氧或较低的氧分压环境下在固态基质表面生长,5％～10％的二氧化碳促进了嗜酸乳杆菌的增殖。如表10－7所示列出了该微生物的生理、生化特性。

表10－7　嗜酸乳杆菌的生理和生化特性

性状	特异性	性状	特异性
肽聚糖的类型	Lys—D Asp		1.50
磷壁酸	甘油	D－乳酸脱氢酶	1.30
乳酸构型	DL	L乳酸脱氢酶	
异染颗粒	不存在	G＋C(％)	34～37

（二）营养需求

嗜酸乳杆菌有复杂的营养要求,需要较低的氧分压、可发酵的糖类、蛋白质及其降解产物、核酸的衍生物、脂肪酸、微量元素、大量的B族维生素以满足它们的生长。

1.糖类的发酵

嗜酸乳杆菌可以发酵大量的糖类,如表10－8所示。

表10－8　嗜酸乳杆菌的鉴定特性

特性	增殖情况	特性	增殖情况
生长情况		甘露糖	＋
15 ℃	－	蔗糖	＋
45 ℃	＋	阿拉伯糖	－
牛乳中的酸度/％	0.8	葡萄糖酸盐	－
糖类代谢		甘露糖醇	－
苦杏仁苷	＋	松三糖	－
纤维二糖	＋	鼠李糖	－
七叶苷	＋	核糖	－
果糖	＋	山梨醇	－
葡萄糖	＋	木糖	－
半乳糖	＋	蜜二糖	d
乳糖	＋	棉子糖	d
麦芽糖	＋	海藻糖	d

注:＋表示90％以上的菌株阳性;－90％以上的菌株阴性;d表示11～89％的菌株

阳性。

反应的最终产物乳酸对最终产品的风味、质构和保存性均有重要的影响。

β—半乳糖苷酶催化乳糖水解为葡萄糖和半乳糖。嗜酸乳杆菌属同型发酵,葡萄糖通过 EMP 途径代谢,产生乳酸。乳酸的产量是 1.8 mol/mol 葡萄糖,同时产生少量的其他化合物。乳杆菌通过 Leloir 途径催化半乳糖。Hickey发现,嗜酸乳杆菌利用乳糖降解产生葡萄糖,而半乳糖则释放到培养基中。嗜酸乳杆菌对其他糖类的利用先后顺序为:葡萄糖≥果糖＞蔗糖＞半乳糖。

2.微量元素

乳杆菌的增殖需要 Mg 和 Mn 等元素。Wooley 报道,Mn 可以刺激嗜酸乳杆菌的生长。Gnebus 观察到除了 Mg 和 Mn 元素,Fe 也可以促进嗜酸乳杆菌的增殖。

3.氨基酸和维生素

乳杆菌的合成能力是很有限的。因此,这些微生物的生长,需要从外源加入大量的氨基酸和维生素。如表 10−9 所示,表明嗜酸乳杆菌对维生素的需求。

表 10−9　嗜酸乳杆菌对维生素的需求

维生素	研究者		维生素	研究者	
	Rogosa	Koser		Rogosa	Koser
生物素	N	E	吡哆醛	E、S	E、S
叶酸	E	E	核黄素	E	E
烟酸	E	E	硫胺素盐酸盐	N	N
泛酸盐类	E	E	维生素 B$_{12}$	N	N

注:E 表示必需维生素,N 表示非必需维生素,S 表示不刺激因子。

4.脂肪酸

不饱和脂肪酸可以刺激嗜酸乳杆菌的生长,而饱和脂肪酸具有抑制作用。在不饱和脂肪酸中,油酸的需求已经证实。

5.核酸的衍生物

嗜酸乳杆菌的生长需要核酸的衍生物,如腺嘌呤核苷的脱氧核糖、腺嘌呤、胸腺嘧啶、鸟嘌呤、胞嘧啶、黄嘌呤、次黄嘌呤、脱氧核糖磷酸盐、尿嘧啶、脱氧尿苷、5—甲基嘧啶—1,2—脱氧核糖。

(三)产品的生产

嗜酸性产品在很多国家均有生产,如表 10−10 所示。

表 10－10   不同国家生产的嗜酸性乳制品

产品	菌株	国家
嗜酸性乳 甜型嗜酸性乳 发酵嗜酸性乳	嗜酸乳杆菌 嗜酸乳杆菌	苏联 苏联、南斯拉夫、捷克斯洛伐克
酸奶为载体 Aco－Yoghurt	酸奶菌株＋嗜酸乳杆菌	
混合发酵产品 保健酸奶 Biograde AB－产品 嗜酸酵母乳	酸奶菌株＋嗜酸乳杆菌 嗜酸乳杆菌、双歧杆菌、嗜热链球菌 嗜酸乳杆菌、双歧杆菌 酵母菌、嗜酸乳杆菌	英国 德国 丹麦 苏联
混合产品 豆酸乳 A－38	豆乳＋嗜酸性乳(90∶10) 发酵酪乳＋嗜酸性乳(9∶1)	捷克斯洛伐克 丹麦
改进产品 嗜酸菌糊	嗜酸乳杆菌	苏联

1.嗜酸性乳

嗜酸性乳在苏联、南斯拉夫、捷克斯洛伐克均大量的生产。在苏联，嗜酸性乳的发酵剂由两类嗜酸乳杆菌组成，一株菌是产黏的，另一株菌是非产黏的，以一定的比例混合以获得理想的产品。牛乳经加热、冷却，接种量为 5%，接种后的牛乳于 42 ℃～45 ℃保持 3～4 d。发酵的酸度达到 90～100 °T。产品的黏性与维持产品均一的质地有关。即使产品受到激烈的搅拌，也不会形成团块，乳清不会析出。产品分装在 250 mL、500 mL 的玻璃瓶中销售。

2.甜型嗜酸性乳

为了克服风味缺陷，非发酵型的嗜酸性乳得到发展，在美国作为甜型嗜酸性乳进行销售。这种产品以巴氏杀菌乳作为嗜酸乳杆菌摄入的载体。Myers将嗜酸乳杆菌增殖在无菌的培养基中，收获菌体，以一定的比例加入到巴氏杀菌乳中，得到与通常的嗜酸性乳相应的产品。研究证明，这种非发酵的嗜酸性乳具有巴氏杀菌乳的风味，在 2 ℃～5 ℃可以保存 7 d。也可以利用嗜酸乳杆菌的浓缩发酵物制备风味良好的嗜酸性乳。

3.冰淇淋作为载体

Duthie等研究了使用冰淇淋作为嗜酸乳杆菌载体。在硬质冰淇淋储存期间,嗜酸乳杆菌的数目波动很轻微,在 28 d 的储存中超过 2×10^6 CFU/mL 的活菌。Kaul 和 Mathur 也将嗜酸乳杆菌加入到冰淇淋中,生产冷冻乳制品。嗜酸乳杆菌的存活率在 $93\% \sim 96\%$,在 -20 ℃储存 10 d 后,菌数开始降低。

4.嗜酸酵母乳

原料乳经过杀菌、冷却,按 5% 的比例进行接种。发酵剂菌株由嗜酸乳杆菌、酵母菌株共同组成。使用啤酒、葡萄酒、面包酵母时,在巴氏杀菌前加入 $2\% \sim 3\%$ 的蔗糖。接种后的牛乳装入瓶中,于 30 ℃培养直至凝固。在 18 ℃保存 $12 \sim 18$ h,酵母菌猛烈的增殖,产生酒精、二氧化碳。产品冷却到 8 ℃以下,酸度为 $100 \sim 120$ °T。

5.大豆嗜酸性产品

豆乳是东南亚国家最受欢迎的饮料。最近十年中,传统上不消费大豆食品的国家,大豆食品的消费量也呈现明显的增加趋势。许多研究证明,豆乳是嗜酸乳杆菌增殖的优良的培养基。调整豆乳中蛋白质和糖类的含量,利于嗜酸乳杆菌的增殖。

(四)L.acidophilus 在商业化产品中的稳定性

自 20 世纪 70 年代开始,美国即有非发酵含有益生菌的液态乳可供选用,这种产品的第一代是通过 L.acidophilus 的浓缩制备物加工而成的,后来,双歧杆菌也被添加于乳中。在乳中期望 L.acidophilus 和双歧杆菌两株菌均达到 2×10^6 CFU/mL的水平,以实现对人体的健康作用。但目前在美国仅有加州和冈州对非发酵乳中益生菌的活菌数有法律的规定,其他国家在这类产品中益生菌数尚无明确规定。消费者希望提供一种技术上有保证且成本适中的益生菌浓度标准,而不是以有益人体健康的最低限量为标准的。

三、其他益生菌乳品

(一)LGG 类产品的加工技术

人们习惯于食品是食品,药品是药品的说法,认为两者没有交叉。但自 20 世纪 80 年代,尤其是 20 世纪 90 年代开始,两者的模糊区域增加了,具有健康作用的功能性食品的发展极为迅速,现已有数以千计的该类产品投放市场,它们除营养外,还兼有有益健康和治疗的作用。LGG 产品就是这其中的一个,按照产品类型和制造商的不同,LGG 菌的量不同,芬兰 LGG 产品(Gefilus)含有足以在粪便中定植的 LGG 的量,如图 10—5 所示。

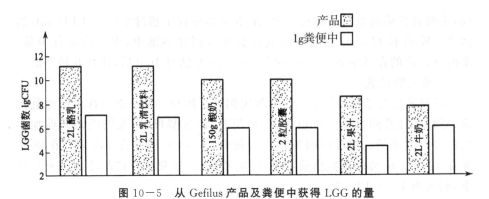

图 10-5 从 Gefilus 产品及粪便中获得 LGG 的量

从图 10-5 中可以看出，乳和其他成分保护 LGG 通过胃而存活下来，这种保护作用多源于缓冲作用，结果乳基产品中 LGG 的存活率高于胶囊或果汁产品。在治疗急性痢疾、抗生素性痢疾和旅行性痢疾时，LGG 的量必须达 3×10^9 CFU（一天两次）才有治疗效果。

有关 LGG 产品加工技术的资料不多，现仅就收集到的文献和笔者自己的研究结果介绍，以供 LGG 产品研究开发时参考。

发酵酪乳 L.acidophilus 和 L.rhamnosus GG 的良好食品载体，它的保存对人体健康起到有益作用的活菌数是适宜的。在酪乳或酸奶发酵后向其中添加 1×10^7 CFU/g 的活菌，在 28 d 储存后 L.acidophilus 的量在 1×10^6 CFU/g 以上，L.rhamnosus GG 表现出高的储存稳定性。

（二）益生菌干酪

干酪作为载体系统，将活的益生菌传递到胃肠道等目标器官，有其固有的优势。干酪的 pH、脂肪含量、氧含量和储藏条件更有益于益生菌在加工和消化期间长期存活。干酪的 pH 为 4.8～5.6，明显高于其他发酵乳（pH 为 3.7～4.3），因而干酪能够为对酸敏感的益生菌的长期存活提供更为稳定的基质。干酪内部微生物的代谢使得干酪在几周的成熟期内就变成一个几乎厌氧的环境，有利于益生菌的存活。此外，干酪的蛋白质基质和较高的脂肪含量都可以在益生菌穿过胃肠道时提供保护。

近年来，一些食品，如切达干酪、高达干酪、农家干酪、白霉干酪、克莱森萨干酪作为双歧杆菌和乳杆菌等益生菌株的携带者而备受关注。

关于评价干酪作为益生菌携带者的研究很少。将切达干酪作为双歧杆菌的载体的研究表明，在储存 24 周时，干酪中的活菌数约为 2×10^7 CFU/g，并且对于干酪的风味、质地和外观没有不利的影响。当双歧杆菌与嗜酸乳杆菌在高达干酪生产中混合应用时，成熟 9 个星期后，对于干酪的风味有明显的影响，这是由于双歧杆菌产生乙酸造成的。还有研究表明，向干酪中添加粪肠球菌不仅具有保健作用,还能改善干酪的品质。

　　加入益生菌,必须平衡干酪加工的各种因素和干酪的特点,这点对于干酪加工者来说无疑是一个挑战,所以必须根据干酪的品种及加工过程中使用的不同微生物来选择加入益生菌的时间和方法。①益生菌可以作为附属发酵剂用于干酪生产,一种方法是将部分乳用益生菌发酵,然后添加到生产切达干酪的原料乳中加工益生菌切达干酪。②另外一种加工方法是在半硬质和硬质干酪凝块加盐的过程中加入益生菌干粉。这种方法可以降低益生菌在乳清中的损失,消除乳酸菌在干酪成熟过程中的竞争影响。③可以添加益生菌。农家干酪具有独特的加工工艺,即为了增加干酪的风味及改善质地而添加发酵的奶油。益生菌,如鼠李糖乳杆菌 GG 和婴儿双歧杆菌可以用来发酵奶油,从而添加到干酪中,而且不会产生不良气味,在储存期间,活性益生菌的数量翻了一番。

　　总之,在人类文化传统上,乳酸菌有悠久的历史。直到今天,这些微生物基本上还是在执行着这些功能。目前正处于新应用的边缘,这些应用基于对乳酸菌在生物技术上的巨大潜力以及其在健康和疾病中的作用的更好理解。

参考文献

[1]席会平,石明生.发酵食品工艺学[M].北京:中国质检出版社,中国标准出版社,2013.

[2]陈坚,堵国成.发酵工程原理与技术[M].北京:化学工业出版社,2012.

[3]黄晓梅,周桃英.发酵技术[M].北京:化学工业出版社,2013.

[4]李艳.发酵工业概论[M].北京:中国轻工业出版社,2006.

[5]魏明奎.微生物学[M].北京:中国轻工业出版社,2009.

[6]顾红霞.微生物学及实验技术.北京[M].北京:化学工业出版社,2008.

[7]杨玉生,王刚,沈永红.微生物生理学[M].北京:化学工业出版社,2013.

[8]李季伦.微生物生理学[M].北京:北京农业大学出版社,1993.

[9]赵斌,陈雯莉,何绍江.微生物学[M].北京:高等教育出版社,2012.

[10]路福平.微生物学[M].北京:中国轻工业出版社,2009.

[11]秦翠丽.食品微生物检验技术[M].北京:兵器工业出版社,2008.

[12]李松涛.食品微生物学检验[M].北京:中国计量出版社.2005.

[13](美)杰伊,(美)罗西里尼,(美)戈尔登编著.现代食品微生物学[M].何国庆,丁立孝,官春波主译.北京:中国农业大学出版社.2008.

[14]何国庆.丁立孝,官存波.现代食品微生物学[M].北京:中国农业大学出版社,2008.

[15]钱爱东.食品微生物学[M].北京:中国农业出版社.2008.

[16]杨玉红,陈淑范.食品微生物学[M].武汉:武汉理工大学出版社,2014.

[17]贾英民.食品微生物学[M].北京:中国轻工业出版社,2007.

[18]郝生宏,关秀杰.微生物检验[M].北京:化学工业出版社,2012.

[19]杨玉红.食品微生物学[M].北京:中国轻工业出版社,2010.

[20]江汉湖.食品微生物学[M].北京:中国农业出版社,2005.

[21]贾洪峰.食品微生物[M].重庆:重庆大学出版社,2015.

[22]樊明涛,赵春燕,雷晓凌,等.食品微生物学[M].郑州:郑州大学出版社,2011.

[23]何国庆,贾英民,丁立孝,等.食品微生物学[M].北京:中国农业大学出版社,2009.

[24]贺稚非.食品微生物学[M].重庆:西南师范大学出版社,2010.

[25]吴坤.食品微生物学[M].北京:化学工业出版社,2008.

[26]侯建平,纪铁鹏.食品微生物[M].北京:科学出版社.2010.

[27]李平兰.食品微生物学教程[M].北京:中国林业出版社,2011.

[28]李宗军.食品微生物学:原理与应用[M].北京:化学工业出版社,2014.

[29]李华,王华,袁春龙,等.葡萄酒工艺学[M].北京:科学出版社,2007.

[30]陈红霞等.食品微生物学及实验技术[M].北京:化学工业出版社,2008.

[31]翁连海.食品微生物基础及应用[M].北京:高等教育出版社,2006.

[32]钱爱东.食品微生物[M].北京:中国农业出版社,2005.

[33]万萍.食品微生物基础与实验技术[M].北京:科学出版社,2004.

[34]吕嘉枥.食品微生物学[M].北京:化学工业出版社,2007.

[35]朱乐敏.食品微生物[M].北京:化学工业出版社,2006.

[36]陆兆新.微生物学[M].北京:中国计量出版社,2008.

[37]路福平.微生物学[M].北京:中国轻工业出版社,2007.

[38]《乳业科学与技术》丛书编委会,乳业生物技术国家重点实验室编.益生菌
[M].北京:化学工业出版社,2015.

矛盾，不无忧虑地说道："我们不要过分陶醉于我们对自然的胜利。对于每一次这样的胜利自然界都报复了我们。每一次的胜利，起初确实取得了我们预期的结果，但是往后和再往后却发生完全不同的、出乎意料的影响，常常把最初的结果又消除了。"① 在早期，由于人类对自身与自然的关系缺少深刻的认识，自然环境已遭到破坏，"耕作如果自发地进行，而不是有意识地加以控制……接踵而来的就是土地荒芜，像波斯、美索不达米亚等地以及希腊那样"②。在资本主义出现之后，基于剩余价值利益的驱动，自然环境破坏更加严重，"资本主义农业的任何进步，都不仅是掠夺劳动者的技巧的进步，而且是掠夺土地的技巧的进步，在一定时期内提高土地肥力的任何进步，同时也是破坏土地肥力持久源泉的进步"③。由此，恩格斯认为，要认识自然和改造自然，首先应尊重和服从自然，否则，必将受到自然界的惩罚。恩格斯所提到的自然对人类的惩罚，主要基于两种情况，一是由于人类对自然界认识的局限所致；二是人类虽然已经认识了自然的规律，但由于在改造自然过程中的短视行为和蛮横行为而导致的人与自然的不协调。因此，要真正处理好人与自然的关系，必须正确认识和自觉运用自然规律，学会按规律办事。

第四，实现真正的人与自然的和谐，必须以共产主义取代资本主义。资本主义制度下人与自然矛盾的不可调和性，是由资本主义的生产方式所决定的。资本主义发展的内在动机是无限制地榨取剩余价值，"资本必须增殖，这是资本主义生产的强大的刺激因素，巨大的原动力"④。资本家在追求剩余价值时，往往将生产的一部分成本转化到自然界，以牺牲自然为代价。"一个厂主或商人在卖出他所制造的或买进的商品时，只要获得普通的利润，他就心满意足，不再去关心以后商品和买主的情形怎样了。这些行为的自然影响也是如此。西班牙场主在古巴焚烧山坡上的森林，认为木灰作为能获得高利润的咖啡树的肥料足够用一个世代时，

---

① 《马克思恩格斯选集》第 1 卷，人民出版社 1995 年版，第 344—345 页。
② 《马克思恩格斯全集》第 23 卷，人民出版社 1972 年版，第 538 页。
③ 《马克思恩格斯全集》第 23 卷，人民出版社 1972 年版，第 552—553 页。
④ 马克思：《资本论》第 1 卷，人民出版社 1975 年版，第 332 页。

他们怎么会关心到，以后热带的大雨会冲掉毫无掩护的沃土而只留下赤裸裸的岩石呢？"①

因此，马克思、恩格斯认为，人类的生产活动并不是单纯的人与自然之间的关系，而是在一定的社会关系即生产关系中进行的，必定受到生产方式以及与这种方式相联系的社会制度的制约或影响。在分析了资本主义基本矛盾即生产的社会化与资本主义生产资料私有制之间的矛盾的基础上，马克思、恩格斯强调，要解决生态环境中人与自然之间的矛盾，首先要解决资本主义社会的基本矛盾，进而提出，只有在共产主义社会中人与自然才真正能够和谐相处。"在共产主义社会中联合起来的生产者，将合理地调节他们和自然之间的物质变换，把它置于他们的共同控制之下，而不让它作为盲目的力量来统治自己；靠消耗最小的力量，在最无愧于和最适合于他们的人类本性的条件下来进行这种物质变换。"②这就是说，在共产主义条件下，人们不仅会合理地调节人际关系，而且会合理地调节人与自然的关系，使社会发展同自然生态系统能够协调进行，彻底消灭资本主义生态危机。

以上是马克思主义生态理论的四个方面。透过这四个方面，可以看出马克思主义生态理论所具有的主要特征。

其一，鲜明的辩证性。马克思主义生态理论强调人与自然不可分离及其相互作用，实质是一种辩证的自然观。它既反对人类中心主义"反自然"的观念，又反对非人类中心主义的"自然主义"观念，主张将"人与自然和谐相处和协同发展"作为一种世界观。这种世界观既是马克思主义用生态学的基本观点观察事物和解释世界的一种理论框架，也是马克思主义考察人与自然关系的整体性和系统性辩证思维的体现，更是马克思主义生态文明价值观构建的重要哲学基础。

其二，强烈的批判性。马克思主义生态理论强调人与自然冲突的根源在于人与人、人与社会的冲突，认为资本主义生产关系及其生产方式是生态环境破坏的根本原因，因此对资本主义的利润动机和生产逻辑进行了强烈批判。这种批判使得马克思主义生态理论的与众不同之处在于，

---

① 《马克思恩格斯全集》第 3 卷，人民出版社 1974 年版，第 519—520 页。
② 《马克思恩格斯全集》第 25 卷，人民出版社 1972 年版，第 26 页。